高等职业教育计算机类课程改革创新教材

软件测试基础与实践教程

李 丽 主编

科学出版社

北京

内 容 简 介

本书基于"以技术为基础的软件流程开发，以软件工程为导向的体系设计"的基本原则编写，以软件测试的基本能力要求为主线，构建了整个内容体系。第1～3章介绍了软件测试的主要基础理论和工作流程；第4、5章通过实例介绍了软件测试的主要方法；第6、7章介绍了自动化测试和易用性测试；第8章引入了实际工作领域的标准与评测方法。每章均配有实训及习题，方便读者边学边练，真正做到学以致用。

本书在内容选择上不追求全面覆盖软件测试专业的知识，而是精选实际工作中要用到的主要知识、工作过程中的各种模板资料，并按照软件测试的实际工作过程的顺序将其组织在一起，力求体现出软件测试技术学习的职业性和实践性。

本书是针对高职高专院校计算机类相关专业开发的"教、学、做"一体化教材，也可作为软件测试人员的测试基础培训用书。

图书在版编目（CIP）数据

软件测试基础与实践教程/李丽主编. —北京：科学出版社，2021.3
ISBN 978-7-03-067845-4

Ⅰ. ①软… Ⅱ. ①李… Ⅲ. 软件-测试-高等职业教育-教材
Ⅳ. ①TP311.55

中国版本图书馆 CIP 数据核字（2020）第 265741 号

责任编辑：孙露露 吴超莉/责任校对：赵丽杰
责任印制：吕春珉/封面设计：东方人华平面设计部

科学出版社 出版
北京东黄城根北街 16 号
邮政编码：100717
http://www.sciencep.com
新科印刷有限公司 印刷
科学出版社发行 各地新华书店经销
＊

2021 年 3 月第 一 版 开本：787×1092 1/16
2021 年 3 月第一次印刷 印张：11 1/4
字数：267 000

定价：34.00 元

前　言

随着科技的不断发展，具有软件测试的知识体系和工作技能已成为衡量外包软件人才新的职业构成标准。作为国家软件技术人才培养中坚力量的高职院校，在软件专业人才培养方案中将软件测试与项目管理作为核心课程开设是必然趋势。软件测试是一项技术性较强的工作，测试规范的实施是以技术的方式开展或进行的。因此，本书以软件测试理论知识和业界主流的通用测试技术为主线，介绍软件测试技术的基础知识，力求用清晰的逻辑和过程引导读者进行软件测试相关知识的学习。本书的内容组织及教学策略设计以技术与工程为导向，围绕软件工程项目的进程展开，按照软件测试人员培训及工作过程进行内容编排，尽量体现实际的工作流程，并将每个工作流程的目标、结果、完成工作需要使用的软件测试技术及工作过程模板等内容合理地组织在一起，形成相对独立又互为关联的学习单元。与同类教材相比，本书主要具有以下几个方面的突出特点。

1. 体现以就业为导向、产学结合的发展道路，编写理念新颖

本书行业特点鲜明，由校企"双元"联合开发，既能反映业界的发展趋势，又能结合专业教育的改革，且能及时反映教学内容和教学体系的调整更新。编者均来自教学或企业一线，具有多年的教学及实践经验，且编写教材经验丰富，理念新颖。

本书编写以企业和岗位工作内容为目标，以测试过程为导向，边讲边练，边学边做，培养学生动手能力与综合素质。

2. 内容选材新，突出"职业化"的特点，与岗位职业能力要求对接

本书将基本原理和测试方法融入实例中，内容组织力求体现工程特点和专有技术的特征。内容选材新颖，实例、图片选择紧密结合实际项目需求，以提高学生的学习兴趣和学习效果。本书知识体系的构建严格对接测试岗位职业能力要求和国家职业标准，倡导"课证融合"，以培养技术技能型人才为核心。

3. 结构清晰，难点、重点突出，强调实用性

本书每章开头都给出了学习目标，使学生在学习新内容之前能够做到心中有数、有的放矢。本书精选典型工程实例，力求使学生通过实例系统掌握软件测试的理论和方法，在结合实际工程案例的学习过程中，掌握各种软件测试技术，具有很强的实用性。

4. 立体化的教学资源，提高教学效果

本书在阐述过程中穿插有二维码，读者可通过扫描二维码观看相关视频，同时方便教师进行各种翻转课堂的设计。更丰富的视频及教学资源可联系编辑邮箱（360603935@qq.com）获取。

5. 融入课堂思政教育，践行行业道德规范

本书充分发挥教材承载的思政教育功能，凝练案例的思政教育映射点，并融入规范化管理理念，将思政教育、职业素养融入教学内容，通过潜移默化的效果，使学生接受各个思政教育映射点所要传授的内容。

思政目标：

（1）树立正确的学习观、价值观、自觉践行行业道德规范。

（2）具备"五心"：专心、耐心、细心、责任心、自信心。

（3）遵规守纪，团结协作，提高沟通能力，认真钻研技术。

全书的体系设计由李丽完成；曹财耀、林雪燕和郑哲编写第 1、7、8 章；李丽和丁磊编写第 2～6 章；李丽、谢秀琼和毛琳波进行统稿。

由于编者水平有限，书中难免存在疏漏之外，恳请广大读者批评指正。

编　者

2020 年 10 月

目　　录

第1章

软件测试相关知识

学习目标 ☞

- 了解服务外包的内容和分类。
- 理解软件外包的概念及发展阶段。
- 掌握外包软件测试服务的模式。
- 理解国际化测试和本地化测试的特点。

随着信息时代的不断发展，人们对软件质量的要求越来越高；同时由于软件系统变得越来越复杂，如何提高软件质量成为广大计算机技术人员密切关注的问题，这也使得软件开发人员和软件测试人员面临着巨大挑战。本章内容作为软件测试内容的起点，介绍了软件测试领域的相关基本概念，引领读者进入软件测试的学习领域，为后续章节的学习打下了基础。

1.1 软件国际化

1.1.1 相关技术术语

软件国际化是在软件设计和文档开发过程中，使得功能和代码设计能处理多种语言和文化习俗，在创建不同语言版本时，不需要重新设计源程序代码的软件工程方法。

1. 全球化

全球化（globalization），缩写为 G11N，其中 G 是首字母，N 是尾字母，11 表示在首字母 G 和尾字母 N 之间省略了 11 个字母。全球化软件是为全球用户设计、面向全球市场发布的具有一致的界面、风格和功能的软件，它的核心特征和代码设计并不仅仅局限于某一种语言和区域用户，可以支持不同目标市场的语言和数据的输入、输出、显示和存储。全球化测试的组成如图 1-1 所示。

2. 国际化

国际化（internationalization），缩写为 I18N，其中 18 表示在首字母 I 和尾字母 N 之间省略了 18 个字母。国际化实际上就是产品推广的过程，即厂家想把产品推广到什么地方，根据目标国家和地区的不同，适时处理语言、文化和地域障碍。

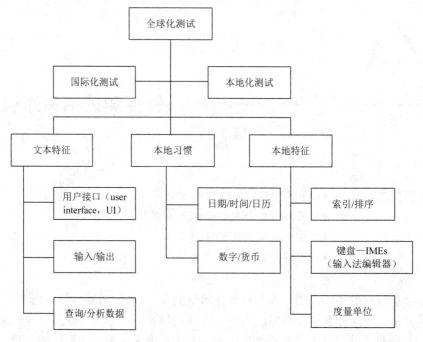

图 1-1　全球化测试组成框图

3. 市场化

市场化（marketization），缩写为 M11N，其中 M 是首字母，N 是尾字母，11 表示在首字母 M 和尾字母 N 之间省略了 11 个字母。

广义的市场化是指为了将国际化软件实现全球市场的销售和服务而进行的一系列市场宣传、推广、销售、支持、培训和服务的全部过程。

狭义的市场化是指使软件的核心功能满足某些特定区域市场的过程。

4. 本地化

软件本地化就是对原始编程语言编写的软件代码进行语言翻译和技术处理，为不同地区语言和区域的本地用户量身定做满足其使用习惯的应用软件。

1.1.2　国际化软件系统的特征

软件国际化是国际化软件实现本地化的难易程度指标。国际化能力是指在不需要重新编译代码或者设计的前提下，能够把软件的用户界面和需要进行本地化的内容翻译成其他任何地区或者国家语言的一种能力。软件国际化的设计目标之一就是要不断提高软件的本地化能力，同时也是降低软件本地化难度和成本的最佳方式。良好的软件国际化设计是增强本地化能力的基础，可以降低软件本地化过程的成本、提高软件的质量。

国际化的软件系统通常具有以下特征。

（1）有附加的本地化数据文件及拥有在全世界各个地区或国家正确执行的能力。

（2）文本元素的可抽取性。例如，状态信息或者界面的标签是被分离存储的，而不是硬编写到代码中的，并且能被程序正确地动态使用。

（3）在不修改程序和重新编译的前提下支持新的语言。

（4）显示有文化差异的数据，符合本地用户的语言和习惯，如日期和货币等。

（5）可以迅速完成软件的本地化翻译和测试。

1.1.3 国际化软件开发

1. 国际化软件开发的标准化

软件国际化能力的评分系统（globalization report card，GRC）是基于统一的标准，全面评估软件产品的国际化能力并给出改进的建议和指导的系统。该系统收集了大量软件国际化的缺陷，加以分类和归纳，使软件国际化能力的指标标准化，可以让软件的国际化能力使用分数进行衡量，同时可以让不同的软件国际化能力进行比较，方便开发和测试团队提前预计国际化的问题。随着标准的不断完善和推广，国际化的软件质量会不断提高。

国际化软件是一项复杂的系统工程，参与的公司和人员分布在全球各地，需要同步本地化的语言通常超过几十种，报告的软件缺陷数量多达几千甚至上万，而且由于软件外包将带来很多交流和管理问题。项目计划和预算管理与跟踪、本地化的流程管理、翻译的质量管理、测试文档管理、缺陷管理、技术支持和沟通交流等都比传统的软件项目复杂。因此，对国际化软件项目管理提出了更高的要求，根据业务特点制订的流程更适合该业务线内的项目实施，便于规范化得以顺利实施；由底至上地建立各级规范化流程，既保证项目级流程的可实施性，也保证组织级流程的指导性。

2. 软件国际化与本地化开发流程

软件国际化过程是基于国际化软件的开发周期而定义的。国际化软件的完整开发周期包括需求分析、国际化、本地化、发布和维护支持等过程。其中，国际化包括设计、开发和测试等。在国际化的各个环节都应该重视软件的本地化能力，应该在软件项目早期就重视软件的本地化需求，这对控制软件项目的进度、成本和质量都大有裨益。

随着市场竞争的加剧和份额的瓜分，软件的国际化版本和本地化版本需要同时发布，面对本地化的语言版本越来越多，承担本地化服务和翻译的公司也越来越多，而且多语言的服务提供商可能还要进一步外包。这些复杂的环节和过程，使得大型国际化软件的项目管理更趋复杂。

国际化软件的开发流程分为需求分析、软件设计、软件编码、软件测试、质量保证、软件发布等过程，如图 1-2 所示。在软件的需求分析阶段，要同时考虑软件的功能特性需求和国际化需求。为了缩短源语言开发的版本和本地化版本的发布时间间隔，最终达到同步发布的目的，国际化版本的开发应该与软件本地化过程同步进行。软件的测试方面，应该对国际化版本的国际化功能测试和对本地化版本的测试同时进行，尽早发现和修改国际化设计缺陷。

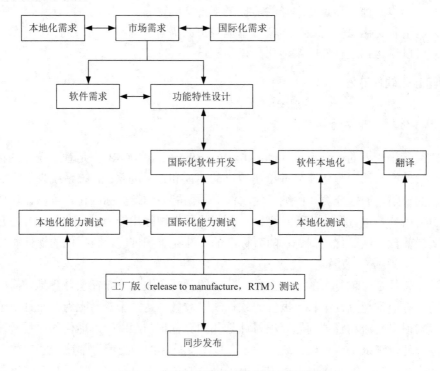

图 1-2　软件的国际化和本地化工作流程

3. 国际化软件的设计准则

国际化软件设计时应遵循以下准则。

（1）项目的初期融入国际化思想，并且使国际化贯穿于项目的整个生命周期。

（2）采用单一源文件进行多语言版本的本地化，针对不同的语言编写多套代码。

（3）需要本地化的文字与软件源代码分离，存储在单独的资源文件中。

（4）软件代码支持处理单字节字符集和多字节字符集文字的输入/输出和显示，并且遵守竖排和折行规则。

（5）软件代码应该支持 Unicode 标准，或者可以在 Unicode 和其他代码页（code pages）之间互换。

（6）软件代码不要嵌入字体名，也不要假设使用某种字体。

（7）使用通用的图标和位图，避免不同区域的文化和传统差异，避免在图标和位图中嵌入需要本地化的文字。

（8）菜单、对话框等界面布局能够满足处理本地化文字长度扩展的需要。

（9）源语言的文字要准确、精简，使用一致的术语，避免歧义和拼写错误，以便进行本地化翻译。

（10）保证不同区域的键盘布局都能使用源语言软件的快捷键。

（11）考虑不同区域的法律和文化习俗对软件的要求。

（12）如果软件中采用第三方开发的软件或组件，需要检查和确认是否满足国际化的要求。

（13）保证源语言软件可以在不同的区域和操作系统上正确运行。

（14）软件和代码中避免"硬编码"，不使用基于语言的数字常量、屏幕位置、文件和路径名。

（15）字符串的缓冲区长度要满足本地化字符扩展的需要。

（16）软件能正确支持区域排序和大小写转换。

1.1.4　软件国际化和本地化的关系

软件本地化和软件国际化构成了国际化软件的核心。其中，软件国际化是顺利实施软件本地化的基础，没有良好国际化设计的软件很难进行本地化。软件的国际化主要在于远离特定文化、语言或市场提炼产品的功能性，这样才能支持特殊市场和方便地整合语言。从某种意义上讲，软件国际化设计是一种方法和手段，通过软件市场化作为营销的策略；软件本地化是国际化的结果，最终的目的是软件产品的全球可用性。对软件国际化开发和本地化的研究，必将推动整个软件行业在世界范围内的推广与交流，进一步顺应全球化的大潮流。

软件技术的不断进步推动了软件本地化行业的发展，软件本地化行业以平均 30%的增长速度蓬勃发展。在软件国际化和本地化的发展过程中，Unicode 标准和独立本地化资源文件的技术（single world-wide binary）起着重要作用。Unicode 解决了全球主要文字计算机编码的技术问题；独立本地化资源文件，使本地化的资源文件与源代码分离，更方便软件本地化成为全球语言版本。

20 世纪 90 年代中后期，软件本地化行业不断进行资源整合，大型的国际软件本地化服务商也得到了发展壮大，如美国的莱博智、欧洲的 Moravia 和 SDL 等都是软件本地化行业的领导者。从软件本地化的行业发展进程来看，爱尔兰的发展在早期可谓备受全球瞩目，成为欧洲乃至全球本地化行业发展的领导者。伴随着各大软件开发商在爱尔兰成立本地化业务的机构，SDL 逐渐成长起来，爱尔兰政府的政策鼓励和完善的教育培训体制对本地化行业的发展起到了关键的作用。与此同时，其他国家也开始重视软件本地化行业的发展。澳大利亚政府也成立了一个非营利性组织——澳大利亚软件工程协会（Software Engineering Association，SEA），该组织致力于促进亚洲语言的软件本地化行业的发展；印度由于语言的优势，在软件外包行业发展迅速，在软件本地化的国际市场上也颇有斩获。

1.2　服务外包

1.2.1　相关概念

服务外包（outsourcing）是指服务外包企业将其非核心的业务外包出去，利用外部的专业化团队承接其业务，从而使其专注核心业务，达到降低成本、提高效率、增强企业核心竞争力和对环境应变能力的一种管理模式。它包括信息技术外包（information technology outsourcing，ITO）、商业流程外包（business process outsourcing，BPO）和知识流程外包（knowledge process outsourcing，KPO）。以上内容都是基于 IT 技术的服务外包，ITO 强调技术，更多涉及成本和服务；KPO 涉及要求领域专业技能的知识密集型业务流程；BPO 更强调业务流程，解决的是有关业务的效果和运营的效益问题，BPO 往往涉及若干业务准则并常常要接触客户，因此意义和影响更重大。不仅 IT 行业需要 BPO，而且 BPO 的每项业务都离不开 IT 业务的支持，从而产生 IT 外包机会。

服务外包企业，指根据其与服务外包发包商签订的中长期服务合同，向客户提供服务外包业务的服务外包提供商。

服务外包业务，指服务外包企业向客户提供的 ITO 服务和 BPO 服务，包括业务改造外包、业务流程和业务流程服务外包、应用管理和应用服务等商业应用程序外包、基础技术外包（IT、软件开发设计、技术研发、基础技术平台整合和管理整合）等。

1.2.2　服务外包的分类

根据服务外包承接商的地理分布状况，服务外包分为 3 种类型，即离岸外包、近岸外包和在岸外包。

（1）离岸外包（offshore outsourcing）指转移方与为其提供服务的承接方来自不同国家，外包工作跨境完成。

（2）近岸外包（nearshoring outsourcing）指转移方和承接方来自邻近国家，近岸国家很可能会讲同样的语言，在文化方面比较类似，并且通常提供了某种程度的成本优势。

（3）在岸外包（onshore outsourcing）指转移方与为其提供服务的承接方来自同一个国家，外包工作在境内完成。

就短期效益而言，服务外包公司可节省 20%～40% 的运营成本。我国某些地区已进入工业化的后期，在资源、环境压力的约束下，低端制造业已经难以为继，必须在发展高端、现代、先进制造业的同时，同步发展高端、现代、先进服务业，实现"双轮驱动"、互动发展。

1.2.3　服务外包的意义

发展服务外包的重要意义，可以从以下几个角度进行分析。

（1）从企业的角度看，随着市场竞争的加剧，企业必须将核心资源集中到企业的核心业务上，剥离分散企业核心业务能力的干扰要素，专注自己的核心业务，形成企业核心竞争力。通过专业化的分工，减少冗员，达到降低企业成本、增加效益的目的。1997—2002 年财富全球前 10 强企业中有 80%的企业实施了外包。IBM 对全球 80 余家实施外包公司公开财务数据的分析表明，在接受外包服务的 2～3 年时间内业绩都有显著增长。

（2）从外包承接国的角度看，承接外包服务，特别是吸收出口导向性服务业的外国直接投资，会给国家带来巨大的经济和社会发展利益。这些利益包括提升产业结构、增加税收、提高外资质量、扩大就业、培养创新能力、增强国家整体竞争力和综合实力等。

发展服务外包有利于提升服务业的技术水平、服务水平，推动服务业的国际化和出口，从而促进现代服务业的发展。其对经济的具体作用表现为以下几个方面。

1. 有利于提升产业结构

承接外包服务，可以增大服务业占 GDP 的比例，提升产业结构，节省能源消耗，减少环境污染。服务外包产业是现代高端服务业的重要组成部分，具有信息技术承载度高、附加值大、资源消耗低等特点。承接服务外包对服务业发展和产业结构调整具有重要的推动作用，能够创造条件促进以制造业为主的经济向服务经济升级，推动增长方式向集约化方向发展。

2. 有利于转变对外贸易增长方式，形成新的出口支撑点

承接外包服务可以扩大服务贸易的出口收入。近几年我国外贸出口在稳步发展，但同时也遇到许多问题，如出口退税政策的调整、国外贸易设限不断增强、贸易摩擦不断增多、人民币汇率不断提高等，要保持持续快速增长越来越困难。而发展服务外包，因其对资源成本依赖程度较低、国外设限不强，具有快速增长的空间，从而有望成为出口新的增长动力。

3. 有利于提高利用外资水平、优化外商投资结构

中国制造业利用外资方面已取得了长足进步。但是，随着经济的不断发展，各个城市都将面临或已经面临能源资源短缺、土地容量有限的现实问题，而服务外包项目由于对土地资源要求不高，一旦外商有投资意向，落户概率将远高于第二产业项目。

4. 有利于提高大学生的就业率

自 20 世纪 80 年代以来，服务业吸收劳动力就业占社会劳动力比例逐年提高，而服务外包作为现代服务业的推动器，将创造大量的就业岗位，缓解知识分子尤其是大学生的就业压力。到 2010 年，离岸服务外包为中国创造了大约 100 万个直接就业机会和 300 万个间接、稳定、高质量的就业机会。IT 服务和 IT 相关服务与其他制造业相比，是典型的高收入行业。同时，它还将带动政府、高校、企业加强人才培训，提升劳动力素质，培养一批精通英语、掌握世界前沿科技且与海外市场联系广泛的人才。

经典案例

制造型企业外包的经典案例——通用汽车公司

通用汽车公司的 Pontiac Le Mans 只有占总成本 40%左右的生产和服务发生在美国本土，其他的都采用外包方式提供：它的设计在德国，组装生产在韩国，发动机、车轴、电路由日本提供，其他零部件来自中国台湾、新加坡和日本，广告和市场营销服务由西班牙提供，数据处理在爱尔兰和巴巴多斯完成，而战略研究、律师、银行、保险等分别由底特律、纽约和华盛顿等地提供。

服务型企业外包的经典案例——英国航空公司

从英国伯明翰到德国柏林，您所搭乘的是英国航空公司（British Airways）班机吗？实际上并不是。虽然航机展现的是英国航空公司的整体形象：机组人员、空中乘务员全部身穿英国航空公司的制服，但是，其实您所享受的却是英国航空公司全面借助外包的服务。丹麦快捷公司 Maersk 负责提供客机、机组人员、空中乘务员，乘客餐饮由瑞士空膳集团承制，机票则由全球各旅行社代理服务，维修工程外包，全球网络的地勤服务亦外包给当地同行。实质上，英国航空公司近似于一个虚拟公司（virtual company）。英国航空公司并不将以上这些业务视为核心，而是在另一核心焦点——乘客身上倾注全力。

1.3 软件外包

1.3.1 软件和软件开发

一般教科书所给出的规范、科学的软件定义：能够完成预定功能和性能的、可执行的指令（计算机程序）；使得程序能够适当地操作信息的数据结构；描述程序的操作和使用的文档。即"软件=程序+数据（库）+文档"，这个公式给出了软件的最基本的组成成分，但是缺少了一项内容——服务。可以用一个简单的公式给出完整的软件定义，即

软件=程序+数据（库）+文档+服务

软件是相对硬件而存在的。硬件是可以直观感觉到、触摸到的物理产品。生产硬件时，人的创造性过程（设计、制作、测试）能够完全转换成物理形式。例如，生产一个新型计算机，初始的草图、正式的设计图纸和面板的原型一步步演化为一个物理产品，如模具、集成芯片、集成电路、电源等。软件是逻辑的、知识性的产品集合，是对物理世界的一种抽象，或者是某种物理形态的虚拟化。因此，软件具有与硬件完全不同的特征，主要表现在以下几个方面。

1. 表现形式不同

硬件有形，而软件无形，看不见、摸不着。软件大多存在于人们的头脑里或纸面上，它的正确与否、是好是坏，一直要到程序在机器上运行才能知道，这就给设计、生产和

管理带来许多困难。

2. 软件是硬件的灵魂，硬件是软件的基础

计算机硬件必须靠软件实现其功能，如果没有软件，硬件就好比一堆废铁，因此软件是硬件的灵魂。同时，软件必须依赖于硬件，只有在特定的硬件环境中才能运行。

虽然"软件工厂"的概念已被引入，但这并不是说硬件生产和软件开发是一回事，而是引用软件工厂这个概念促进软件开发中模块化设计、组件复用等意识的全面提升。

3. 生产方式不同

软件是通过技术员的大脑活动创造的结果，不是传统意义上的硬件制造。软件现在被认为属于高科技产品，软件产业是一种知识密集型产业。尽管软件开发与硬件制造之间有许多共同点，但这两种活动是根本不同的。

一个价值很高的软件，可能就装在几张软盘上，包括程序和文档。软件的主要成本在于先期的开发人力。软件成为产品之后，其后期维护、服务成本也很高。因为软件载体的制作成本很低，如磁盘、光盘的复制是比较简单的，所以软件也就容易成为盗版的主要目标。

4. 要求不同

硬件产品允许有误差，而软件产品不允许有误差。

5. 软件不会"磨损"而是逐步完善

随着时间的推移，硬件构件会由于各种原因受到不同程度的磨损，但软件不会。新的硬件故障率很低，但随着长时间的使用，硬件会老化，故障率会越来越高。相反，隐藏的错误会使程序在其生命初期具有较高的故障率，随着使用的不断深入，所发现的问题会慢慢地被改正，结果是程序越来越完善，故障率越来越低。

从另一个侧面看，硬件和软件的维护差别很大。当一个硬件构件磨损时，可以用另一个备用零件替换它，但对于软件，不存在替换，而是通过开发补丁程序不断地解决适用性问题或扩充其功能。一般来说，软件维护比硬件维护复杂得多，而且软件的维护周期要长得多。软件正是通过不断的维护、改善功能、增加新功能，提高软件系统的稳定性和可靠性的。

1.3.2　软件外包的背景

软件外包指的是一些发达国家的软件公司将他们的一些非核心的软件项目通过外包的形式，交给人力资源成本相对较低的国家的公司开发，以达到降低软件开发成本的目的。现在不单是发达国家外包给人力资源相对较低的国家完成软件需求活动，而且还是企业为专注核心竞争力业务和降低软件项目成本，将软件项目中的全部或部分工作发包给提供外包服务的企业完成的软件需求活动。其中，软件外包包括软件开发、软件测试、本地化测试等方面的外包。众所周知，软件开发的成本中 70% 是人力资源成本，所以，降低人力资源成本将有效地降低软件开发的成本。

中国市场已经成为具有较大潜力的全球外包市场，而且已经成长起一批颇具规模的中国外包企业。尽管我国软件外包业务启动时间较晚，但一直呈高速增长态势，被公认为新兴的国际软件外包中心。在对日软件外包市场方面取得了重大成功，对欧美的软件外包市场实现了局部突破，中国正成为迅速崛起的外包新军。无论是外国看中国还是国内横向比较，我国软件外包服务都是"利好"市场，具体表现为以下几个方面。

（1）软件外包的大幅度增长为人力资源成本相对较低的印度和中国带来了新的发展机会。

（2）中国目前已经有不少公司开始介入软件外包这一领域。目前软件外包产业较为发达的地区有上海、北京、大连及深圳等城市。以北京为例，有40%的软件企业参与外包项目，软件行业60%～70%的营业额来自外包。目前，已经有大量的东部软件公司准备迁移到中部地区，目前首选的地区主要是武汉和西安。

（3）软件出口以日本市场为主。目前中国的软件外包市场主要集中在亚洲，其中日本市场是中国目前软件外包服务的主要发包市场。

（4）软件外包企业主要集中在北京、南京、上海、深圳等城市。这几个地区的共同特点是拥有良好的城市基础设施建设与产业配套基础，拥有当地政府在政策上的大力支持、良好的市场竞争环境、一大批通晓外语的软件人才、具备较强的创新能力，软件企业在此形成了群体优势，并已形成了较为完整的软件产业链。

1.3.3　软件外包发展的3个阶段

第一个阶段：初级孕育。全球范围内的软件外包大概可以追溯到20世纪80年代中后期，是从国际大型软件公司的软件本地化外包开始的。那时外包服务提供商承担的只是软件程序和文档的本地化翻译工作。

第二个阶段：外包的中期扩展。这一阶段软件开发公司将软件编码、软件测试、软件本地化交付给外包服务公司完成，外包的主要目的是降低成本和提高质量。但此时软件外包服务公司不具有任何知识产权，仅靠提供技术和项目管理获得利润，外包服务的生产活动受制于客户的计划，具有较明显的阶段波动性。尽管软件开发公司比以前更重视他们的价值，但是彼此之间仍然是业务合作关系，缺乏充分的信任和依存。

第三个阶段：高级完善发展。软件开发公司与外包服务公司形成利益共享、风险共担的业务合作伙伴关系。这时软件外包的目的是增强核心竞争力，为最终用户提高服务水平。软件开发公司与外包服务公司之间拥有充分的信任和默契，共同促进企业的成功。为达此目标，外包服务公司必须与软件开发公司共同承担责任，深入了解软件开发公司的外包策略、商业文化和企业文化，协助软件开发公司整合其内部资源。外包服务公司除了获得解决方案的服务费用外，还拥有软件产品的部分知识产权。

进入21世纪后，随着技术的快速发展，软件行业的分工越来越细，基本上形成了操作系统、数据库、中间件和应用系统这样一个完整的产业链雏形。但是软件应用范围的不断扩大，使得软件设计规模不断膨胀，技术复杂性迅速提升，而且市场竞争不断加剧，软件开发周期逐渐缩短，仅靠软件开发公司的单方面努力已经跟不上软件变革的步伐，由此产生了软件外包的第二次高潮。当前风靡世界的软件外包正在推动软件外包进入中期扩展的第二个阶段，推动全球软件行业的重新布局。

全球软件外包的发展趋势如下。

（1）BPO 成为未来外包发展的趋势。

（2）合作关系及无缝集成模式将成为外包的主要方式。

（3）外包市场集中度较高。

（4）外包市场成熟，形成了规范的外包市场。

（5）IT 外包在行业中的应用深入。

1.4　国际化测试和本地化测试

1.4.1　国际化测试

国际化测试（international testing）又称为国际化支持测试，是有多个测试方参与的，跨越多个语言和区域，保证软件具有良好的国际化数据支持，同时又具有良好本地化能力的质量验证过程。国际化测试的目的是发现软件在国际化和本地化过程中的缺陷和潜在问题，支持各国的文化和语言数据，保证软件的全球通用性。一般采用多语言同步发布的开发机制使得国际化测试的时效性比较强，涉及多国的测试伙伴的合作，项目管理要不断跟踪和控制测试的过程。国际化的软件必须能够在任意的语言文化、区域设置和国际输入方式的环境中，正确地表示和处理数据的输入、显示和输出，同时软件的各个功能模块和组件符合软件规格说明书的要求。

1. 软件国际化测试的重要性

首先，任何不良的国际化设计的软件错误，将存在于所有本地化的语言版本，都需要修改源语言程序的代码才能修复该类错误，这将增加软件的本地化成本；其次，良好国际化设计的软件将需要最低程度的本地化测试。因为良好的区域语言支持已经集成在软件的国际化设计中，需要翻译的资源已经从程序代码中分离出来，可以很容易地翻译资源文件中需要本地化的内容，而且不会破坏程序的功能。

2. 软件国际化测试的原则

为了提高国际化测试的质量，需要遵循以下原则。

（1）若程序代码足够稳定，应尽早进行测试。

（2）按照组件和功能特征的优先级从高到低的顺序进行测试。

（3）重点放在处理多语言字符串的直接或间接的输入/输出上。

（4）国际化功能测试与本地化能力测试并行进行。

（5）使用伪本地化和伪镜像技术进行本地化能力测试。

3. 软件国际化测试的方法

软件的国际化测试主要测试软件的国际化功能特征，需要测试国际化软件的通用功能、文本处理功能和区域支持功能。通常采用下面的方法进行国际化测试。

1）测试通用功能

（1）在各种语言环境下安装应用程序。

（2）各种系统和用户区域设置的通用功能。

（3）通过各种区域设置卸载应用程序。

2）测试文本处理功能

（1）使用不同区域的输入法编辑器交互式文本输入。

（2）多语言文本的剪贴板操作。

（3）用户界面的文本处理。

（4）双字节字符集的输入/输出。

多字节字符集文本的缓冲区大小的处理。

3）测试区域特征功能

（1）遵循区域标准，正确输入、存储并检索区域特定数据。

（2）验证带有数据分隔符的输入时间、日期和数值。

（3）纸张和信封的大小和打印的正确性。

（4）区域有关的度量衡的处理功能。

1.4.2　本地化测试

本地化测试（localization testing）的目的是发现和报告本地化软件的缺陷，通过对这些缺陷的处理，确保本地化软件的语言质量、互操作性、功能等符合软件本地化的设计要求，满足当地语言市场和用户对软件功能和语言文化的需求。

软件的本地化测试包括本地化软件的功能测试、本地化软件的用户界面测试和本地化语言的质量测试。

（1）本地化软件的功能测试主要检测软件本地化后的软件功能的可用性及功能的完整性。

（2）本地化软件的用户界面测试是对本地化软件的用户界面进行外观和布局的测试，本地化后的字符串要完整显示而且布局合理，同时符合目标用户的使用习惯和本地习俗。

（3）本地化语言的质量测试侧重于测试软件本地化文字的准确性、一致性、可用性。

小　　结

本章介绍了软件测试的相关背景知识及专业术语，在了解软件外包概念的基础上，引领读者进入软件测试的知识领域。当开发全球可用的国际化软件时，软件的架构设计者必须考虑诸多因素，如语言、数据格式、字符处理和用户界面等方面的问题，软件的特征功能测试应与国际化能力测试结合在一起，确保所有的功能测试都符合全球可用性。

实　　训

任务 1：国际化软件资料查询。请结合本章内容，利用网络进行相关资料搜索，完成对下列国际化软件相关专业术语及国际化软件测试特点的查询。

（1）GILT。

（2）全球可用（world ready）。

（3）区域（locate）。

（4）本地化能力（localizability）。

（5）伪本地化（pseudo localization）。

（6）国际化功能测试（internationalized functionality testing）。

任务 2：软件外包行业分析。请结合本章内容，利用网络进行相关资料搜索，完成我国软件外包行业调查分析报告。

习　　题

1-1　什么是外包服务？它包含哪些内容？请写出它们的中英文全称。

1-2　简要描述服务外包的 3 种类型。

1-3　查阅相关材料，总结服务外包对我国的影响。

1-4　什么是软件外包？它包含哪些内容？

1-5　试分析我国软件外包的背景。

1-6　简述离岸外包模式、近岸外包模式和在岸外包模式。

1-7　外包的高级完善发展阶段的特点是什么？

1-8　制约我国承接国际软件外包的因素有哪些？

1-9　软件与硬件完全不同的特征主要表现在哪几个方面？

1-10　简述国际化测试和本地化测试的概念。

第2章

软件测试过程模型分析

学习目标☞

- 理解软件国际化测试服务的模式，掌握软件测试国际化与本土化的关系。
- 明确软件缺陷产生的原因。
- 掌握软件测试的定义，了解软件测试的基本方法与过程。
- 了解软件开发与软件测试的关系。

对于软件测试的初学者而言，最常见的 5 个疑问可以归纳为 4W1H，详细介绍如下。

What：什么是软件测试，即软件测试是如何定义的？

Which：软件测试到底是要对软件的哪些部分展开测试，即测试的对象是什么？

Who：在一个项目小组中，哪些人负责对软件进行测试？

When：在一个软件产品从立项、开发、验收、维护到消亡的整个生命周期中，何时开始软件测试工作？何时可以结束对软件的测试？

How：如何对软件进行测试？这也是大部分读者最为关心的问题。

本章将学习软件测试所涉及的各个方面的基础知识。通过对本章的学习，读者能正确理解软件测试背景、软件缺陷和故障等概念以及软件测试的定义，认识软件开发与软件测试相辅相成的关系，能对软件测试建立起概要性、框架性的整体认识，并为后续章节的学习打好基础。

2.1　软　件　测　试

2.1.1　软件测试的由来和起源

Bug 一词的原意是"臭虫"或"虫子"。但是现在，在计算机系统或程序中，如果隐藏着一些未被发现的缺陷或问题，人们也叫它"Bug"，这是怎么回事呢？

"Bug"是指计算机系统的硬件、系统软件（如操作系统）或应用软件（如文字处理软件）出错。硬件的出错有两个原因，一是设计错误，二是硬件部件老化失效等。从计算机诞生之日起，就有了计算机 Bug。第一个有记载的 Bug 是美国海军的编程员、编译器的发明者 Grace Hopper 发现的。1945 年 9 月 9 日，Grace Hopper 正带领她的小组构造一个名为"马克二型"的计算机，这还不是一个完全的电子计算机，它使用了大量的继电器。突然，"马克二型"死机了，技术人员试了很多办法，最后定位到第 70 号继电器出错。Grace Hopper 观察这个出错的继电器，发现一只飞蛾躺在中间，已经死亡。她小心地用镊子将飞蛾夹出来，用透明胶布贴到"事件记录本"中，并注明"第一个发现虫子的实例"。

从此以后，人们将计算机错误戏称为虫子（bug），而把找寻错误的工作称为 debug（排除故障）。

2.1.2　软件测试的重要性

自从计算机作为强大的计算工具在 20 世纪出现以来，程序的编写与程序的测试课题就同时出现在人们面前。早在 20 世纪 50 年代，英国著名的计算机科学家图灵就曾给出程序测试的原始定义。他认为，测试是正确性确认的试验方法的一种极端形式。20 世纪 70 年代中期，软件测试技术的研究达到高潮。在软件测试理论迅速发展的同时，程序插桩、符号测试方法、耦联效应假设、域测试方法等各种高级的软件测试方法也将软件测试技术提高到初期的原始方法无法比拟的高度。

1. 软件可靠性问题

研究表明，因为软件设计故障而引起的系统失效，与因为计算机硬件设计故障而引发的系统失效的比例大约是 10：1。由于现代社会对计算机系统的需求迅速增加，人们对计算机依赖的程度越高，对其可靠性的要求也就越高。试验数据表明，运行软件的驻留故障密度，即使对于要求很高的关键财务（财产）软件，每千行代码也有 1～10 个故障；对于关键的生命软件，每千行代码有 0.01～1 个故障。与之相比，其他对可靠性要求相对较低的软件系统，故障就更多了。然而，正是软件可靠性的大幅提高，才使得计算机广泛应用于社会的各个方面。

一个可靠的软件应该是正确、完整、一致和健壮的，也是用户所期望的。美国电气电子工程师学会（Institute of Electrical and Electronics Engineers，IEEE）将软件可靠性定义为：系统在特定环境下，在给定的时间内无故障运行的概率。

因此，软件可靠性是对软件在设计、开发以及预定的环境下所具有能力的置信度的一个度量，它是衡量软件质量的主要参数之一。所以，软件测试是保证软件质量，提高软件可靠性的最重要手段。目前，软件测试在整个软件开发周期中所占的比例日益上升，许多软件开发组织已将开发资源的 40%用于软件测试，对于高可靠性的软件，如飞行控制、军事武器系统、核反应堆控制、金融软件等，其软件测试费用是软件开发其他阶段所需费用总和的数倍，甚至达到 3～5 倍。

2. 软件缺陷与故障引发的问题

当今人类的生存和发展已经离不开各种各样的信息服务，为了获取这些信息，需要计算机网络或通信网络的支持，这里包含不仅需要计算机硬件等基础设施或设备，还需要各式各样的、功能各异的计算机软件。软件在电子信息领域无处不在，然而，软件是由人编写开发的，是一种逻辑思维的产品，尽管现在软件开发者采取了一系列有效措施，不断地提高软件开发的质量，但仍然无法完全避免软件（产品）会存在各种各样的缺陷。

　　对于软件故障或缺陷，依据危害程度的不同，可分为轻、重不同级别。以下是几例软件缺陷和故障的案例分析，借此说明软件缺陷和故障问题有时会造成相当严重的损失和灾难。

 经典案例

美国迪士尼公司的《狮子王历险记》游戏软件 Bug——兼容性问题

　　1994 年的秋天，迪士尼公司发布了第一个面向儿童的多媒体光盘游戏 *Lion King Animated StoryBook*（《狮子王历险记》），这是迪士尼首次进军这个市场，他们进行了大力宣传和促销活动。结果，迪士尼大获全胜，销售额非常可观，并且该款游戏成为了那个秋天孩子们的必买游戏。不过后来的事情却让迪士尼吃尽了苦头。自从 1994 年 12 月 26 日起，迪士尼公司的客户支持部门电话开始响个不停，很快整个部门陷入了已经购买光盘的愤怒的家长和哭诉玩不成游戏的孩子们的吵闹之中。更让迪士尼担心的是，媒体开始大肆报道迪士尼的"恐慌"……

　　后来证实，迪士尼公司没有对市场上投入的各种 PC 类机器进行正确的配置测试，也许当时的情况是，在迪士尼程序员用于开发的系统中游戏一切正常，但是在大众各种各样的机器上却出现了严重的问题。

爱国者导弹防御系统缺陷

　　爱国者导弹防御系统是里根总统提出的战略防御计划（即"星球大战计划"）的缩略版本，它首次应用在海湾战争对抗伊拉克飞毛腿导弹的防御战中。尽管对系统赞誉的报道不绝于耳，但它确实在对抗几枚导弹中失利，包括一次在沙特阿拉伯的多哈击毙了 28 名美国士兵。分析发现症结在于一个软件缺陷，系统时钟的一个很小的计时错误积累起来达到 14h 后，跟踪系统不再准确。在多哈的这次袭击中，系统已经运行了超过 100h。

跨世纪"千年虫"问题

　　"千年虫"问题的根源始于 19 世纪 60 年代。当时计算机存储器的成本很高，如果用四位数字表示年份，就要多占用存储器空间，使成本增加，因此为了节省存储空间，计算机系统的编程人员采用两位数字表示年份。虽然后来存储器的价格降低了，但在计算机系统中使用两位数字来表示年份的做法却被沿袭下来，年复一年，直到新世纪即将来临之际，大家才突然意识到用两位数字表示年份将无法正确辨识公元 2000 年及其以后的年份。1997 年，信息界开始拉起了"千年虫"警钟，并很快引起了全球关注。"千年虫"影响是巨大的，从计算机系统（包括 PC 的基本输入/输出系统、微码到操作系统、数据库软件、商用软件和应用系统等），再到与计算机和自动控制有关的电话程控交换机、银行自动取款机、保安系统、工厂自动化系统等，乃至使用了嵌入式芯片技术的大量电子电器、机械设备和控制系统等，都有可能受到"千年虫"的攻击。

美国航空航天局火星登陆探测器缺陷

1999 年 12 月 3 日，美国航空航天局的火星极地登陆者号探测器试图在火星表面着陆时失踪。一个故障评估委员会调查了故障，认定出现故障的原因极可能是一个数据位被意外置位。最令人警醒的问题是为什么没有在内部测试时发现呢？

结果是灾难性的，但背后的原因却很简单。登陆探测器经过了多个小组测试，其中一个小组测试飞船的脚折叠过程，另一个小组测试此后的着陆过程。前一个小组不去注意着地数据是否置位——这不是他们负责的范围；后一个小组总是在开始复位之前复位计算机，清除数据位。双方各自的工作做得都很好，但任务合并后却出现了漏洞。

金山词霸缺陷

在国内，金山词霸是一个很有名的词典软件，应用范围极大，对使用中文操作的用户帮助很大，但它也存在不少缺陷。例如，如果用鼠标取词 "dynamics"（力学，动力学），词霸会出现其他不同的单词 "dynamite *n*.炸药" 的显示错误。

上述案例中的软件问题，在软件工程或软件测试中都被称为软件缺陷或软件故障。

从上述案例可以看出，使用低质量的软件，在运行过程中可能会产生这样或那样的问题，可能会给使用方造成延误工作或者造成生命财产的损失。软件测试，则是保证软件质量和保障软件使用者免于遭受损失的最重要手段。

2.2　软　件　缺　陷

2.2.1　软件缺陷的定义

在前面的案例中可以看到软件发生错误时造成的灾难性危害或给使用者带来的各种影响。那么，这些事件的共同特点有哪些呢？

首先，软件开发过程可能没有按照预期的规则或目标要求进行。

其次，软件虽然都经过了测试，但并不能保证完全排除了存在（特别是潜在）的错误。

对于软件测试来说，其任务就是要发现软件中所隐藏的错误，找出那些不明显的、小到难以察觉的、简单而细微的错误。达到这个目的，是对软件测试人员的最大挑战。案例中的所有软件问题在软件工程或软件测试中都被称为软件缺陷或软件故障。

软件缺陷（defect）常常又被叫作 Bug。软件缺陷是计算机软件或程序中存在的某种破坏正常运行能力的问题、错误，或者隐藏的功能缺陷，缺陷的存在会导致软件产品在某种程度上不能满足用户的需求。

ANSI/IEEE Std 729—1983 对缺陷有一个标准的定义：从产品内部看，缺陷是软件产品开发或维护过程中存在的错误、毛病等各种问题；从产品外部看，缺陷是系统所需要实现的某种功能的失效或违背。在软件开发生命周期的后期，修复检测到的软件错误的成本较高。

软件缺陷的表现形式如下。

（1）软件未达到产品说明书中已经标明的功能。

（2）软件出现了产品说明书中指明不会出现的错误。

（3）软件未达到产品说明书中虽未指出但应当达到的目标。

（4）软件功能超出了产品说明书中指明的范围。

（5）软件测试人员认为软件难以理解、不易使用，或者最终用户认为该软件使用效果不良。

为了对以上5条描述进行理解，这里以日常所使用的计算器内的嵌入式软件来说明上述每条定义的规则。计算器说明书一般声称该计算器将准确无误地进行加、减、乘、除运算。如果测试人员或用户选定了两个数值后，随意按下了"+"键，结果没有任何反应，根据第（1）条规则，这是一个软件缺陷；如果得到错误答案，根据第（1）条规则，同样是软件缺陷。

假如计算器产品说明书指明计算器不会出现崩溃、死锁或者停止反应，而在用户随意按、敲键盘后，计算器停止接收输入或没有了反应，根据第（2）条规则，这也是一个软件缺陷。

若在进行测试时，发现除了规定的加、减、乘、除功能外，还能够进行求平方根运算，而这一功能并没有在说明书的功能中规定，根据第（4）条规则，这也是软件缺陷。

第（5）条规则说明了无论测试人员或者是最终用户，若发现计算器某些地方不好用，如按键太小、显示屏在亮光下无法看清等，也都应算作软件缺陷。

2.2.2　软件缺陷的级别及软件缺陷的状态

1. 软件缺陷的级别

作为软件测试员，可能所发现的大多数问题不是那么明显、严重，而是难以觉察的简单而细微的错误，有些是真正的错误，也有些不是。一般来说，问题越严重的其优先级越高，越需要得到及时的纠正。软件公司对缺陷严重性级别的定义不尽相同，但一般可以概括为以下4种级别。

（1）致命的。致命的错误，造成系统或应用程序崩溃、死机、系统悬挂，或造成数据丢失、主要功能完全丧失等。

（2）严重的。严重的错误，指功能或特性没有实现，主要功能部分丧失，次要功能完全丧失，或致命的错误声明。

（3）一般的。不太严重的错误，这样的软件缺陷虽然不影响系统的基本使用，但没有很好地实现功能，没有达到预期效果，如次要功能丧失、提示信息不太准确，或用户界面差、操作时间长等。

（4）微小的。一些小问题，对功能几乎没有影响，产品及属性仍可使用，如有个别错别字、文字排列不整齐等。

除了这4种缺陷外，有时需要"建议"级别处理测试人员所提出的建议或质疑，如建议程序做适当的修改，改善程序运行状态，或对设计不合理、不明白的地方提出质疑。

2. 软件缺陷的状态

软件缺陷除了严重性外，还存在反映软件缺陷处于一种什么样的状态，便于跟踪和管理某个产品的缺陷，可以定义不同的 Bug 状态。

（1）激活状态。问题还没有解决，测试人员新报的 Bug，或验证后 Bug 仍然存在。

（2）已修正状态。开发人员针对所存在的缺陷修改程序，认为已解决问题，或通过单元测试。

（3）关闭或非激活状态。测试人员验证已经修正的 Bug 后，确认 Bug 不存在以后的状态。

3. 软件缺陷的特征和种类

软件缺陷的特征有两个。软件缺陷的第一个特征是软件的特殊性决定了缺陷不易看到，即"看不到"；第二个特征是发现了缺陷，但不易找到问题发生的原因所在，即"看到但是抓不到"。软件缺陷表现的形式有多种，不仅仅体现在功能的失效方面，还体现在其他方面。软件缺陷的主要类型有以下几种。

（1）功能、特性没有实现或部分实现。

（2）设计不合理，存在缺陷。

（3）实际结果和预期结果不一致。

（4）运行出错，包括运行中断、系统崩溃、界面混乱。

（5）数据结果不正确、精度不够。

（6）用户不能接受的其他问题，如存取时间过长、界面不美观。

软件测试是在软件投入运行之前，对软件需求分析、设计规格说明和编码实现的最终审定。那为什么还会产生软件缺陷呢？软件测试专家的研究发现，表现在程序中的故障并不一定是由编码过程所引起的，大多数的软件缺陷并非来自编码过程中的错误，从小项目到大项目都基本上证明了这一点。因其软件缺陷很可能是在系统详细设计阶段、概要设计阶段，甚至是在需求分析阶段就存在的问题所导致，即使是针对源程序进行的测试所发现的故障的根源也可能存在于软件开发前期的各个阶段。

通过大量的测试理论研究及测试实践经验的积累，典型的软件缺陷产生的原因被归纳为以下几种类型。

（1）需求解释有错误。

（2）用户需求定义错误。

（3）需求记录错误。

（4）设计说明有误。

（5）编码说明有误。

（6）程序代码有误。

（7）数据输入有误。

（8）测试错误。

（9）问题修改不正确。

（10）正确的结果是由于其他缺陷产生的。

图 2-1 所示为软件缺陷产生的原因分布，图中大部分是软件产品说明书（需求）的问题所导致的缺陷。

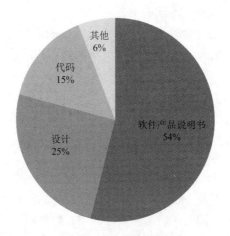

图 2-1　软件缺陷构成

大量的事实表明，导致软件缺陷的最大原因是软件产品说明书，主要原因有以下几个。

（1）用户一般是非计算机专业人员，软件开发人员与用户的沟通存在较大困难，对要开发的产品功能理解不一致。

（2）因为软件产品还没有设计、开发，完全靠想象去描述系统的实现结果，所以有些特征还不够清晰。

（3）需求变化的不一致性——用户的需求总是不断变化的，这些变化如果没有在软件产品说明书中给出正确的描述，容易引起上下文的矛盾。

（4）对软件产品说明书不够重视，在软件产品说明书的设计和写作上投入的人力、时间不足。

（5）没有在整个开发队伍中进行充分沟通，有时只有设计师或项目管理人员得到比较多的信息。

（6）排在软件产品说明书之后的是设计，编程排在第三位。在许多人的印象中，软件测试主要是找程序代码中的错误，这是一个认识的误区。

2.3　软件测试的基本理论

测试软件是伴随着软件的产生而产生的。早期的软件开发过程中，测试的含义比较狭窄，将测试等同于"调试"，目的是纠正软件中已知的故障，常常由开发人员自己完成这部分工作。对测试的投入极少，测试介入也晚，常常是等到形成代码，产品已经基本完成时才进行测试。软件测试就是在软件投入运行前，对软件需求分析、设计规格说明和编码的最终复查。它是软件质量保证的关键步骤。通常对软件测试的定义有以下两种描述。

定义 1：软件测试是为了发现错误而执行程序的过程。

定义 2：软件测试是根据软件开发各阶段的规格说明和程序的内部结构而精心设计的一批测试用例（即输入数据及其预期的输出结果），并利用这些测试用例运行程序以及发现错误的过程，即执行测试步骤。

随着人们对软件质量认识和重视的程度不断深入，不同阶段软件测试的定义也不尽相同。

1972 年，软件测试宗师 Bill Hetzel 博士在他的论著 *The Complete Guide to Software Testing* 中指出："软件测试就是建立一种信心，认为程序能够按预期的设想运行。"

1979 年，软件专家 Glenford J. Myers 博士在他的论著 *The Art of Software Testing* 中这样说："测试是为发现错误而执行的一个程序或者系统的过程。"

1983 年，IEEE 将软件测试定义为：使用人工或自动手段运行或测定某个系统的过程，其目的是检验它是否满足规定的需求，或是弄清预期结果与实际结果之间的差别。

与软件测试相关的概念主要有以下几个。

测试：测试首先是一项活动，在这项活动中某个系统或组成的部分将在特定的条件下运行，结果将被观察和记录，并对系统或组成部分进行评价。测试活动有两种结果，即找出缺陷和故障以及显示软件执行正确。

测试用例：为特定的目的设计的一组测试输入、执行条件和预期的结果；测试用例是执行测试的最小实体。

测试步骤：测试步骤详细规定了如何设置、执行、评估特定的测试用例。

现代的软件开发工程是将整个软件开发过程明确地划分为几个阶段，将复杂问题具体按阶段加以解决。这样，在软件的整个开发过程中，可以对每一阶段提出若干明确的监控点，作为各阶段目标实现的检验标准，从而提高开发过程的可见度和保证开发过程的正确性。

2.3.1　软件测试的目的

软件测试的目的是证明程序中有故障存在，并且尽最大可能地找出最多的错误。软件测试不是为了显示程序是正确的，而是应从软件包含有缺陷和故障这个假定去进行测试活动，力求设计出最能暴露问题的测试用例，并从中发现尽可能多的问题。实现这个目的的关键是如何合理地设计测试用例。在设计测试用例时，要着重考虑那些易于发现程序错误的方法策略与具体数据。

软件测试以发现故障为目的，是为发现故障而执行程序的过程。综上所述，软件测试的目的包括以下 3 点。

（1）软件测试是程序的执行过程，目的在于发现错误；不能证明程序的正确性，仅限于处理有限的情况。

（2）检查系统是否满足需求，这也是测试的期望目标。

（3）一个好的测试用例在于发现还未曾发现的错误，成功的测试是发现了错误的测试。

软件测试的根本目的是保证软件质量。ANSI/IEEE Std 729—1983 文件中，将软件质量概念定义为："与软件产品满足规定的和隐含的需求的能力有关的特征或特征的全体"。软件质量的内涵包括正确性、可靠性、可维护性、可读性（文档、注释）、结构化、可测试性、可移植性、可扩展性、用户界面友好性、易学、易用和健壮性。

2.3.2 软件测试的原则和方法

1. 软件测试的原则

依据上述软件测试目的，在软件开发过程中应遵循以下软件测试原则。

（1）尽早、及时地测试应作为软件开发人员的座右铭，测试应当从软件产品开发初始阶段就开始。

（2）测试用例应当由测试数据和与之对应的预期结果两部分组成。

（3）在程序提交测试后，应当由专门的测试人员进行测试，避免由程序设计者自行检查程序。

（4）测试用例应包括合理的输入条件和不合理的输入条件。

（5）严格执行测试计划，排除测试的随意性。

（6）充分注意测试中的群体现象，测试经验表明，约一半（47%）的错误仅与系统中4%的程序模块有关。

（7）应对每一个测试结果做全面的检查。

（8）保存测试计划、测试用例、出错统计和最终分析报告，为维护工作提供充分的资料。

2. 软件测试的方法

软件测试的各类方法，按照是否需要执行被测试软件，可分为静态测试和动态测试；按照是否需要查看代码，可分为白盒测试、黑盒测试、灰盒测试；按照测试执行时是否需要人工干预，可分为手工测试、自动测试；按照测试实施组织不同，可分为开发方测试、用户测试、第三方测试。

1）静态测试

静态测试（static testing）又称为静态分析，是指不实际运行被测软件，而是直接分析软件的形式和结构，查找缺陷。主要包括对源代码、程序界面和各类文档及中间产品（如产品说明书、技术设计文档等）所做的测试。静态测试通过对程序静态特性的分析，找出欠缺和可疑之处。静态测试结果可用于进一步查错，并为测试用例选取提供指导。静态测试常用工具有 LogiScope、TestWork 等。

（1）静态测试中可能出现的程序缺陷。

① 不匹配的参数。

② 不恰当的循环嵌套和分支嵌套。

③ 不允许的递归。

④ 未定义过的变量。

⑤ 空指针的引用和可疑的计算。

⑥ 遗漏的符号和代码。

⑦ 无终止的死循环。

（2）静态测试可能发现的程序中潜在的问题。

① 未使用过的变量。

② 无法执行到的代码。

③ 可疑的代码。

④ 潜在的死循环。

2）动态测试

动态测试（dynamic testing）又称为动态分析，指需要实际运行被测软件，通过观察程序运行时所表现出来的状态、行为等发现软件缺陷，包括在程序运行时通过有效的测试用例（对应的输入/输出关系）分析被测程序的运行情况或进行跟踪对比，发现程序所表现的行为与设计规格或客户需求不一致的地方。

动态测试是通过观察代码运行时的动作，提供执行跟踪、时间分析以及测试覆盖度方面的信息，通过真正运行程序发现错误。

静态测试与动态测试之间既具有一定的协同性，同时又具有相对的独立性，二者的主要区别如表 2-1 所示。程序静态测试的目标不是证明程序完全正确，而是作为动态测试的补充，在程序运行前尽可能多地发现代码中隐含的缺陷。静态测试是不能完全代替动态测试的。

表 2-1　静态测试与动态测试的区别

测试方法	是否需要运行软件	是否需要测试用例	是否可以直接定位缺陷	测试实现难易程度
静态测试	否	否	是	容易
动态测试	是	是	否	困难

3）白盒测试

白盒测试（white box testing）是指已知软件产品的内部工作过程，通过验证每种内部操作是否符合设计规格的要求进行测试。白盒测试知道产品内部工作过程，可通过测试检测产品内部动作是否按照规格说明书的规定正常进行，按照程序内部的结构测试程序，检验程序中的每条通路是否都能按照预定要求正确工作，过程如图 2-2 所示。白盒测试将测试对象视为一个打开的盒子，需要测试软件产品的内部结构和处理过程，而无须测试软件产品的功能。

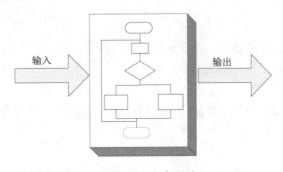

图 2-2　白盒测试

白盒测试法分为逻辑覆盖、循环覆盖和基本路径测试。其中，逻辑覆盖包括语句覆盖、判定覆盖、条件覆盖、判定/条件覆盖、条件组合覆盖和路径覆盖。白盒测试常用工具有 JTest、C++ Test、LogiScope 等。

4）黑盒测试

黑盒测试（black box testing）又称为功能测试或者数据驱动测试，是指已知软件产品的功能设计规格，测试每个实现了的功能是否满足要求。黑盒测试是根据软件的规格对软件进行的测试，软件测试人员从用户的角度，通过各种输入和观察软件的各种输出结果来发现软件存在的缺陷，这类测试不考虑软件内部的动作原理，而不关心程序具体如何实现，过程如图 2-3 所示。黑盒测试常用工具有 WinRunner、LoadRunner、AutoRunner 等。

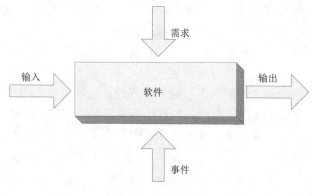

图 2-3　黑盒测试

5）灰盒测试

灰盒测试（gray box testing）是介于白盒测试和黑盒测试之间的测试，是对两种测试的一种折中。灰盒测试是基于程序运行时的外部表现，同时又结合程序的内部逻辑结构来设计用例，执行程序，并采集程序路径执行信息和外部用户接口测试技术。

6）手工测试

手工测试是完全由人工完成的测试工作，包括测试计划的制订、测试用例的设计和执行以及测试结果的检查和分析。传统的测试工作都是由人工完成的。

7）自动测试

自动测试指的是通过软件测试工具，按照测试人员的预定计划对软件产品进行自动的测试。

8）开发方测试

开发方测试也叫作 α 测试，是指在软件开发环境下，由开发方提供检测和提供客观证据，验证软件是否满足规定的要求。

9）用户测试

用户测试是指在用户的应用环境下，由用户通过运行和使用软件，验证软件是否满足自己预期的需求。

10）第三方测试

第三方测试也叫作独立测试，是指介于软件开发者和软件用户之间的测试组织对软件进行的测试。

2.3.3　软件测试的周期性

一个软件生命周期包括制订计划、需求分析定义、软件设计、程序编码、软件测试、软件运行、软件维护和软件停用 8 个阶段。软件测试的周期性是测试→改错→再测试→再改错，这样一个循环过程，如图 2-4 所示。

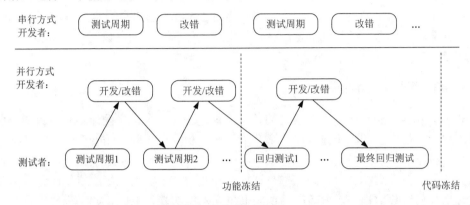

图 2-4　软件测试的周期性

软件测试在软件生命周期，也就是软件从开发设计、运行直到结束使用的全过程中，主要横跨两个测试阶段。

第一个阶段：单元测试阶段，即在每个模块编写后所做的必要测试。

第二个阶段：综合测试阶段，即在完成单元测试后进行的测试，如集成测试、系统测试、验收测试等。软件测试涉及的关键问题包括以下 4 个方面。

1. 测试由谁来执行

通常软件产品的开发过程中有开发者和测试者两种角色，开发者通过开发而形成产品，如分析、设计、编码调试或文档编制等；测试者通过测试检测产品中是否存在缺陷，包括根据特定目的设计的测试用例、构造测试、执行测试和评价测试结果等。通常的做法是开发者（机构或组织）负责完成自己代码的单元测试，而系统测试则由独立的测试人员或专门的测试机构进行。

2. 测试什么

测试经验表明，通常表现在程序中的故障并不一定是由编码所引起。它可能是由详细设计、概要设计阶段，甚至是需求分析阶段的问题所致。即使对源程序进行测试，所发现故障的根源也可能是在开发前期的某个阶段。要排除故障、修正错误也必须追溯到前期的工作。事实上，软件需求分析、设计和实施阶段是软件故障的主要来源。

3. 什么时候进行测试

测试是一个与开发并行的过程，也是在开发完成某个阶段任务之后的活动或者是开发结束后的活动，即模块开发结束之后可以进行测试，也可以推迟到各模块装配为一个完整的程序之后再进行测试。开发经验证明，随着开发的不断深入，没有进行测试的模块对整个软件的潜在破坏作用会越来越明显。

4. 怎样进行测试

软件"规范"说明了软件本身应该达到的目标，程序"实现"则是一种对应各种输入如何产生输出结果的算法。换言之，规范界定了一个软件要做什么，而程序实现则规定了软件应该怎样做。对软件进行测试就是根据软件的功能规范说明和程序实现，利用各种测试方法，生成有效的测试用例，对软件进行测试。

2.3.4 软件测试和缺陷修复的代价

软件通常需要靠有计划、有条理的开发过程建立。从需求、设计、编制测试一直到交付用户公开使用后的整个过程中，都有可能产生和发现缺陷。随着整个开发过程的时间推移，在需求阶段没有被修正的错误问题或缺陷有可能不断扩展到设计阶段、编码和测试阶段，甚至到维护阶段。而且越是到软件开发后期，更正缺陷或修复问题所需费用越大，呈几何级数增长。在编写产品说明书早期发现的软件缺陷，如果说费用是按元计算，则同样的软件缺陷若在软件编制完成开始测试时才发现，费用将要上升 10 倍；如果软件缺陷是在发售后由用户发现的，则修复的费用可能达到上百倍。图 2-5 所示是软件缺陷在不同阶段发现时修复的费用增长示意过程。

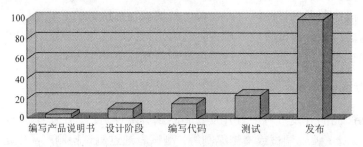

图 2-5　软件缺陷在不同阶段发现时修复的费用增长示意图

这个过程说明，越是在软件开发过程的早期就发现软件的缺陷，修复缺陷的费用就越低；反之，代价越大。如 2.1 节经典案例中的《狮子王历险记》的软件缺陷，根本的问题是软件无法在当时流行的家庭用 PC 平台上运行。假如早在编写产品说明书时，即考虑几种家用 PC 平台较为流行，并在产品说明书上写明需要在某种机型的配置上进行设计和测试，则所花费的人力和财力并不大，也不会等到产品发售后，到用户手中才出现大量的软件兼容性问题，而造成被动局面。在这一软件缺陷事件中，迪士尼公司最终接受了客户的投诉，办理了产品退货、更换软件，以及新一轮的该软件产品设计、调试、修改和测试，为此迪士尼公司花费了大量的费用，还蒙受了声誉的损失。

2.3.5 软件测试停止的标准

因为会受到测试成本或其他方面条件的制约，软件测试最终是会终止的。通常有以下 5 类终止软件测试的标准。

第一类标准：软件测试超过了预定时间，则终止测试。此类标准不能用来衡量软件测试的质量。

第二类标准：执行了所有的测试用例，但并没有发现故障，则终止测试。此类标准对测试并无好的指导作用，相反却有可能默认软件测试人员没有编写出更好的、能暴露出更多故障的测试用例。

第三类标准：使用特定的测试用例设计方案作为判断测试终止的基础。这类标准只是给出了测试用例设计的方法，并非确定的目标，并且这类标准只对某些软件测试阶段适用，仍然是一个主观的衡量尺度，无法保证软件测试人员准确、严格地使用某种测试方法。

第四类标准：正面指出终止软件测试的具体要求，即终止软件测试的标准可定义为查出某一预订数目的故障，如规定发现并修改了多少个故障即可停止软件测试。对系统测试的标准是，发现并修改若干个故障或至少系统运行一定时间，如几个月等。使用第四类标准需要解决两个问题：第一个问题是如何知道将要查处的故障数目，第二个问题是可能会过高地估计故障的总数目。解决问题的途径是，根据过去的经验和软件开发业界常用的一些平均估值方法（关于这方面的详细论述可查阅有关资料）。

第五类标准：根据单位时间内查出故障的数量决定是否终止软件测试。这个标准看似容易，但在实际操作中要用到较多直觉和判断。通常使用图表表示某个测试阶段中单位时间检查出的故障数量，通过分析图表，确定应继续测试还是终止测试。

实现软件质量保证，主要有两条途径：一是通过贯彻软件工程各种有效的技术方法和措施使得尽量在软件开发期间减少错误；二是通过分析和测试软件发现和纠正错误。因此，软件测试是软件质量的重要保证。

经验证明，软件的质量不仅体现在程序的正确性上，它与开始编码以前所做的系统需求分析、软件设计密切相关。许多软件使用中出现的错误，未必是编程人员在编码阶段造成的，可能是在程序设计，甚至是在需求分析时就埋下了祸因。这时，对软件工程的错误纠正，就必须追溯到软件开发的最初阶段。如果是这样，会大大增加软件的开发费用。因此，软件测试的概念和实施范围必须包括整个开发各阶段的复查、评估和检测。

2.4　软件开发与软件测试的关系

2.4.1　软件开发的过程

对于进行软件测试工作的软件测试人员，应该要对软件开发的整个过程有相当的了解。一项完整的、正式的软件开发过程与计算机程序爱好者编写的小程序过程是完全不一样的。一个新软件产品的开发过程可能需要几十人或几百人甚至上千人的协同工作。据称，微软公司的 Word 产品开发过程共使用了 1700 人；Windows 2000 Server 的开发使用了近 6000 人，并且整个开发都需要在严格的计划进度下密切合作。

从全局的观点出发，分析构成软件产品的各个部分并了解常用的一些方法，对正确理解具体的软件测试任务和工作过程将十分有益。

1. 软件产品需要各种开发投入

一般而言，开发软件产品需要产品说明书、产品审查、设计文档、进度计划、上一版本（若有的话）的信息反馈、商业竞争对手的同类软件产品情况、客户调查、易用性数据、观察与感受说明书、软件代码等一些大多数软件产品用户不曾想到过的内容。在软件行业，用"可提供的"一词来描述开发出来并交付使用的软件产品。为了得到"可提供的"软件产品，需要做各种各样大量的工作。

2. 客户需求

开发软件产品的目的是满足客户的需求。为了达到这一根本目的，软件产品开发项目组必须分析清楚客户的需求。这里的需求包括调查收集的详细信息，以前软件的使用情况及存在的问题，竞争对手的软件产品信息等。此外，还有收集到的其他信息，并对这些信息进行研究和分析，以便确定将要开发的软件产品应该具有哪些功能。为了从客户那里得到反馈意见，主要的途径除了直接由开发组进行的调查外，还需通过独立调查机构进行调查问卷活动获取有关的问题反馈。

3. 产品说明书

仅仅有了对客户需求的研究结果这些原始材料还不能对所要开发的产品进行描述，只是确定哪些要做、哪些不做以及客户所需要的产品功能。产品说明书的作用就是对上述信息进行综合描述，并包括用户没有提出但软件产品本身必须要实现的要求，从而针对产品进行定义并确定其功能。

产品说明书的格式并没有统一的形式。对某些软件产品，如金融公司、政府机构、军事部门的特制软件，要采取严格的程序对产品说明书进行检查，检查内容十分详细，并且在整个产品说明书中是完全确定的。在非特殊情况下，产品说明书是不能随意修改的，软件开发工作组的任务是完全确定的。

4. 设计文档

有些常见的错误开发观念，即当创建程序时没有经过正规的设计就开始编写源代码。这种现象在一些小型的开发小组中常见，但对于稍大的软件系统而言，必须有一个计划实施软件的设计过程。就如同建筑一栋大厦，在施工前必须先进行规划设计、绘制各类工程图纸一样，软件开发同样要有类似的计划，这些计划通常是由软件设计文档体现的。

常用软件设计文档的内容如下。

（1）构架。即产生描述软件整体设计的文档，包括软件所有主要部分的描述以及相互间的交互方式。

（2）数据流示意图。表示数据在程序中如何流动的正规示意图，通常由圆圈和线条组成，所以也称为泡泡图。

（3）状态变化示意图。将软件分解为基本状态或者条件的另一种正规示意图，表示不同状态间的变化方式。

（4）流程图。用图形描述程序逻辑的最常用方式之一。根据详细的流程图编写程序代码简单方便。

（5）注释代码。软件代码通常也需要被其他没有直接参与开发的人员（如维护人员）阅读参考，因此代码注释是不能缺少的，便于维护人员掌握代码的内容和执行方式。

5. 软件测试文档

测试文档是完整的软件产品的一部分。根据软件产品开发过程的需要，程序员和测试员必须对工作进行文档说明。下面是一般测试文档所包含的内容。

（1）测试计划。描述用于验证软件是否符合产品说明书和客户需求的整体方案。

（2）测试用例。依据测试的项目，并描述验证软件的详细步骤。

（3）软件测试报告。描述依据测试用例找出的问题，通常提交测试报告。

（4）归纳、统计和总结。采用图表、表格和报告等形式描述整个测试过程。

6. 开发进度表

开发进度表是软件产品的关键部分，随着软件项目的不断扩大和复杂性的增加，开发产品需要大量的人力、物力，必须有某种机制来跟踪进度。开发进度表的目标是明确哪些工作完成了，哪些工作还没有完成，以及何时能够完成。通常应用 Gantt 图表描述开发进度。

7. 软件产品组成部分

如前所述，软件产品不仅要关注程序代码，还要关注各种技术支持。这些部分通常由客户使用或查看，所以也需要进行测试。

下面列出除程序代码外的属于软件产品的各个组成部分。

（1）帮助文件。

（2）用户手册。

（3）样本和示例。

（4）标签。

（5）产品支持信息。

（6）图表和标志。

（7）错误信息。

（8）广告与宣传材料。

（9）软件的安装。

（10）软件说明文件。

（11）测试错误提示信息。

2.4.2 软件开发过程模型

软件工程的核心就是过程，软件产品、人员、技术通过过程关联起来。软件工程过程能够将软件生命周期内涉及的各种要素集成在一起，从而使软件的开发能够以一种合理而有序的方式进行。软件开发中所有的模型都具有以下基本特征。

（1）描述了开发的主要阶段。

（2）定义了每一个阶段要完成的主要过程和活动。

（3）规范了每一个阶段的输入和输出。

（4）提供了一个框架，可以把必要的活动映射到该框架中。

1. 瀑布模型

1970 年，Winston Royce 提出了著名的瀑布模型。瀑布模型是将软件生命周期的各项活动，规定为按照固定顺序相连的若干个阶段性工作，形如瀑布流水，最终得到软件产品，如图 2-6 所示。

1）瀑布模型的优点

（1）易于理解。

（2）强调开发的阶段性、早期计划及需求调查；确定何时能够交付产品及何时进行评审与测试。

2）瀑布模型的缺点

（1）需求调查分析只进行一次，不能适应需求变化。

（2）顺序的开发流程，使得开发中的经验教训不能反馈到该项目的开发中。

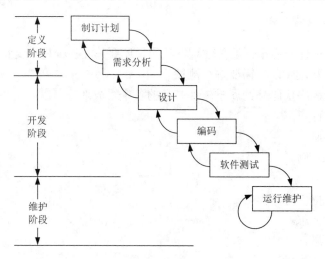

图 2-6　瀑布模型

（3）不能反映出软件开发过程的反复与迭代性。

（4）没有包含任何类型的风险评估。

（5）开发中出现的问题直到开发后期才能显露，因此失去及早纠正的机会。

2. 快速原型模型

瀑布开发模式的缺点，在于开发过程没有结束前产品不够直观，快速原型开发模式则改进了这一缺点。一般情况下，根据客户的需求，在较短的时间内解决用户最迫切需要解决的问题，完成一个可演示的产品，这个产品只实现软件最重要的功能（产品部分功能）。应用快速原型开发模式的目的是确定用户的真正需求，使得用户在原型面前能够更加明确自己的需求是什么。在得到用户的明确需求之后，原型将被丢弃。因为原型开发的速度较快，设计方面的付出不多，也只是表达了软件的最主要功能。图 2-7 所示为快速原型开发模式示意图。

1）快速原型模型的优点

（1）开发人员和用户在原型上达成一致。这样可以减少设计中的错误和开发中的风险，也减少了对用户培训的时间，从而提高系统的实用性、正确性以及用户的满意程度。

（2）缩短了开发周期，加快了工程进度。

（3）降低成本。

2）快速原型模型的缺点

当告诉用户，还必须重新生产该产品时，用户是很难接受的，这往往给工程继续开展带来不利影响。

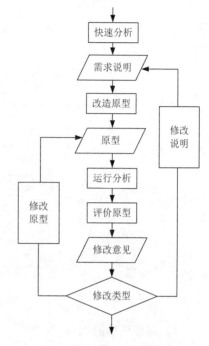

图 2-7　快速原型开发模式

3. 螺旋模型

Barry Boehm 于 1988 年正式发布软件系统开发的螺旋模型（spiral model），他将瀑布模型和快速原型模型相结合，强调了其他模型所忽视的风险分析，特别适合大型复杂的系统。螺旋模型采用一种周期性的方法来进行系统开发，它的基本做法是在瀑布模型的每个开发阶段前引入一个非常严格的风险识别、风险分析和风险控制，把软件项目分解成一个个小项目，每个小项目都标识一个或多个主要风险，直到主要风险因素都被确定。螺旋模型如图 2-8 所示，在这一模型中，开发工作是迭代进行的，即只要完成开发的一个迭代过程，另一个迭代过程就开始了。开发人员和客户使用螺旋模型可以完成以下工作。

（1）确定目标、方案和约束。

（2）识别风险和效益的可选路线，选择最优方案。

（3）开发本次迭代可供交付的内容。

（4）评估完成情况，规划下一个迭代过程。

（5）交付给下一步，开始新的迭代过程。

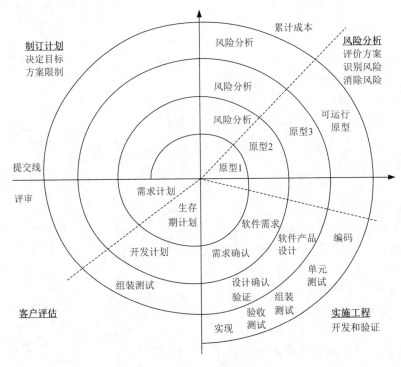

图 2-8　螺旋模型

1）螺旋模型的优点

（1）设计上的灵活性，可以在项目的各个阶段进行变更。

（2）以小的分段构建大型系统，使成本计算变得简单。

（3）客户始终参与每个阶段的开发，保证项目不偏离正确方向以及项目的可控性。

（4）随着项目推进，客户始终掌握项目的最新信息，从而能够和管理层有效地交互。

（5）客户认可这种公司内部的开发方式带来的良好的沟通和高质量的产品。

2）螺旋模型的缺点

（1）采用螺旋模型需要具有相当丰富的风险评估经验和专门知识，在风险较大的项目开发中，如果未能及时标识风险，势必造成重大损失。

（2）过多的迭代次数会增加开发成本，推迟提交时间。

4. MSF 过程模型

2000 年，微软公司在微软解决方案框架（Microsoft solution framework，MSF）中提出了自己的应用开发过程模型。瀑布模型中由于有基于里程碑的计划，因此它有可以预测项目未来的优点；而螺旋模型则有快速反馈和有创造力的优点。MSF 过程模型综合了瀑布模型和螺旋模型的优点。MSF 建议一个解决方案可以先构建、测试、开发出一个核心的功能；然后，可以加入其他的功能特征，这就是通常所说的发布策略。对于一些小的工程来说，它通常只需一个版本。然而，微软公司推荐把它们分成多个版本，以便改进。

里程碑在 MSF 中是一个中心主题，MSF 中用里程碑计划和监控项目的进程。MSF 中的里程碑分为"主里程碑"和"中间里程碑"。主里程碑是项目阶段的转换点，有"远景/范围认可""项目计划认可""范围完成""发布就绪认可""部署成功"。中间里程碑是指两个主里程碑之间的小的工作目标指示物或工作成果。MSF 过程模型如图2-9 所示。

图 2-9　MSF 过程模型

MSF 过程模型通过一步一步地达到预先设定的目标，从而使整个软件过程变得可控。同时也会及时地发现项目中潜在的危险因素，便于风险管理。它把软件过程分为几个阶段以后，可以针对某一阶段中存在的问题进行定位、分析和解决，为提高软件开发的成功率提供了有效保障。MSF 过程模型可以应用到传统的软件开发环境，也适用于电子商务、分布式 Web 等企业解决方案的开发和部署。

5. Scrum 敏捷开发过程模型

敏捷开发是一种从 20 世纪 90 年代开始逐渐引起广泛关注的一种新型软件开发方法，是以人为核心的迭代、循序渐进的开发方法，具有应对快速变化需求的功能。相对于传统软件开发方法的"非敏捷"，更强调程序员团队与业务专家之间的紧密协作、面对面的沟通（认为比书面文件更有效）、频繁交付新的软件版本、紧凑而自我组织型的团队，能够很好地适应需求变化的代码编写和团队组织方法，也更注重软件开发中人的作用。在敏捷开发中，软件项目的构建被切分成多个子项目，各个子项目的成果都经过测试，具备集成和可运行的特征。换言之，就是把一个大项目分为多个相互联系，但也可独立运行的小项目，并分别完成，在此过程中软件一直处于可使用状态。

敏捷开发的优势如下。

（1）敏捷开发的原则之一是用户变化需求时刻在变，人们对于需求的理解也时刻在变，项目环境也在不停地变化，因此开发方法必须能够反映这种现实，敏捷开发方法就是属于适应性的开发方法，而非预设性。

（2）敏捷开发更适用于小型团队，团队成员之间的交互会更方便。

（3）敏捷开发强调用户（或用户代表）与开发团队在一起工作，便于及时沟通交流。重视交互也可以算是最明显的区别之一，有利于团队中知识的迅速传播。即使有人离开团队，其他人也能完成相应的工作。因此，"与人交互"被列为敏捷开发价值观之一，并排在第一位。

虽然敏捷开发在国外已经得到了广泛应用，但在国内应用得还不算很多。随着敏捷开发的流行，越来越多的公司将敏捷开发用于软件产品和应用的开发。

2.4.3　软件测试与开发各阶段的关系

1. 测试在软件开发各阶段的作用

1）项目规划阶段

在软件项目规划阶段，软件测试主要应明确从单元测试到系统测试的整个测试阶段的监控任务。

2）需求分析阶段

软件项目在完成了前期的可行性分析和项目计划后，就进入了需求分析阶段，事实上一个软件项目或产品的成败与需求分析有着非常重要的联系。因此，在没有明确用户需求的情况下盲目地进行开发和测试都不能取得理想的效果。

若具备条件，测试人员应在客户需求调研阶段就介入到项目中。软件产品需求阶段工作流程如图 2-10 所示。

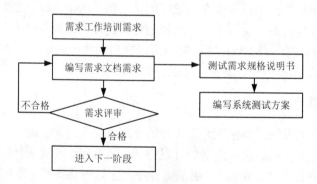

图 2-10　软件产品需求阶段工作流程

通过软件产品需求阶段工作流程可以看出，在这一阶段有两个与软件测试相关的输出，它们分别是对软件需求规格说明书的测试和编写系统测试方案。

对需求规格说明书的测试也是软件的早期测试内容之一，主要是通过测试人员的测试工作，发现用户的实际需求与需求分析人员制订的需求规格说明书之间的差异，以避免由于需求分析的错误而导致的后期软件修改成本的增加。

确定测试需求分析、系统测试计划的制订，评审后成为管理项目。测试需求分析是对产品生命周期中测试所需求的资源、配置、每阶段评判通过的规约；系统测试计划则是依据软件的需求规格说明书，制订测试计划和设计相应的测试用例。

3）软件设计阶段

需求调研阶段完成后，会根据需求说明书的要求开始设计软件，包括概要设计阶段和详细设计阶段，然后开发人员根据产品的详细设计进行编码，这一过程叫作软件设计和编码阶段。其工作流程如图 2-11 所示。

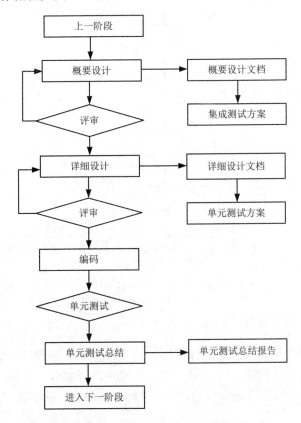

图 2-11　软件设计和编码阶段工作流程

从图 2-11 可以看到，在软件设计和编码阶段的测试活动有以下几个方面的内容。首先，根据设计阶段生成的概要设计编写集成测试方案；然后，在软件开发流程进入详细设计阶段后，根据生成的软件详细设计文档生成单元测试方案。

当开发工程师根据软件设计人员的详细设计开始软件编码过程后，测试人员就可以进入单元测试流程，单元测试完成后生成单元测试总结报告。

4）其他测试阶段

软件在完成各个单元的测试过程之后，就会将各个模块、单元拼接成该软件的子系统，直到最后拼装成一个完整的软件系统。在这些拼装软件的过程中，测试阶段就进入集成、系统、验收测试阶段，该阶段的工作流程如图 2-12 所示。

通过以上分析，可以得出以下结论：软件测试工作贯穿于整个软件生命周期，渗透到软件开发需求、设计、实现的各个阶段，而具体的测试工作随编程工作的不断深入也在不断地进行中。

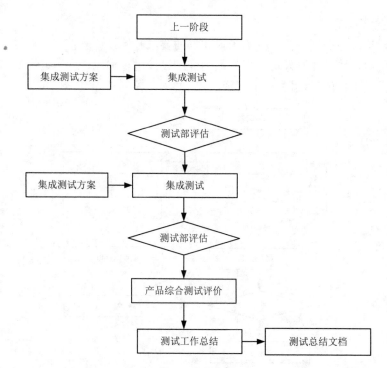

图 2-12　集成、系统、验收测试阶段的工作流程

2. 测试与开发的并行性

在软件的需求得到确认并通过评审后，概要设计工作和测试计划制订设计工作就要并行进行。如果系统模块已经建立，对各个模块的详细设计、编码、单元测试等工作又可并行进行。待每个模块完成后，可以进行集成测试、系统测试。其流程如图 2-13所示。

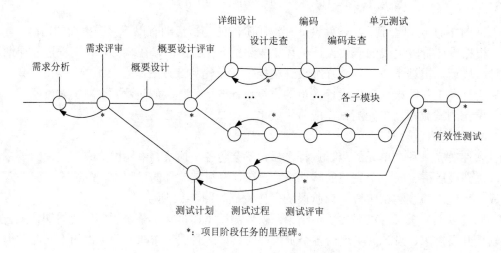

*：项目阶段任务的里程碑。

图 2-13　软件测试与软件开发的并行性

2.4.4　测试模型分析

1. RAD

RAD（rapid application development），即 V 模型，是最有代表性的软件测试过程模型，最早由 Paul Rook 在 20 世纪 80 年代提出。在图 2-14 所示的 V 模型中，单元测试和集成测试验证程序的设计，检测程序的执行是否满足软件设计的要求；系统测试验证系统设计，验证系统功能、性能的质量特性是否达到系统设计的指标；验收测试验证软件需求，确定软件的实现是否满足用户需求或合同的要求。但是，V 模型没有明确说明早期的测试，不能体现"及早地和不断地进行软件测试"原则，因此前期各开发阶段隐藏的错误，需要完成该阶段对应的测试活动才能发现。

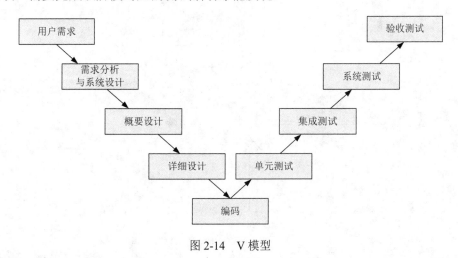

图 2-14　V 模型

2. W 模型

W 模型由 Evolutif 公司提出，相对于 V 模型，W 模型更科学。W 模型是 V 模型的发展，强调的是测试活动伴随着整个软件开发周期，而且测试对象不仅仅是程序，需求、设计等活动同样需要测试，即测试与开发是同步进行的。W 模型相当于两个 V 模型的叠加，一个是开发的 V，另一个是测试的 V。W 模型可以说是 V 模型的自然而然的发展，体现了"及早地和不断地进行软件测试"原则，能够帮助改进项目的内部质量，减少总体测试时间，加快项目进度，降低测试和修改成本。W 模型如图 2-15 所示。

W 模型也有局限性。W 模型和 V 模型都把软件的开发视为需求、设计、编码等一系列串行的活动，无法支持迭代、自发性以及变更调整。

3. H 模型

H 模型将测试活动完全独立出来，形成一个独立的流程，将测试准备活动和测试执行活动清晰地体现出来。H 模型体现了测试活动的独立性，它存在于整个软件生命周期并与其他流程并发进行，体现了"及早地和不断地进行软件测试"原则。不同的测试活动可以按照某个次序先后进行，也可以支持反复和迭代过程。只要某个测试达到测试就绪点，测试执行活动就可以进行。H 模型如图 2-16 所示。

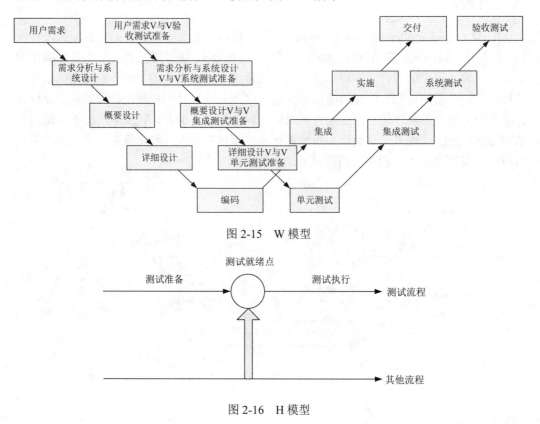

图 2-15　W 模型

图 2-16　H 模型

4. X 模型

X 模型也是对 V 模型和 W 模型的改进。X 模型提出针对单独的程序片段进行相互分离的编码和测试，此后通过频繁地交接，通过集成最终合成为可执行的程序。X 模型左边描述的是对单独程序片段所进行的分离的编码和测试，此后将通过频繁交接，最终集成为一个可执行的程序，如图 2-17 所示。

5. 测试过程改进模型

1987 年，SEI 公司发布第一份技术报告，介绍软件能力成熟度模型（capability maturity model for software，CMM）及作为评价国防合同承包方过程成熟度的方法论。

后来，为了解决在项目开发中需要用到多个 CMM 模型的问题，SEI 又提出了能力成熟度模型集成（capability maturity model integration，CMMI），将各种 CMM 模型融合到一个统一的改进框架内，为组织提供了在企业范围内进行过程改进的模型。

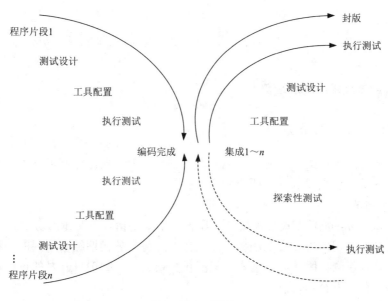

程序片段1

测试设计

工具配置

执行测试

编码完成

执行测试

工具配置

测试设计

⋮

程序片段n

封版

执行测试

测试设计

工具配置

集成1～n

探索性测试

执行测试

图 2-17　X 模型

6. TMM

1996 年，Ilene Burnstein、C. Robert Carlson 和 Taratip Suwannasart 参照 CMM 提出了测试成熟度模型（testing maturity model，TMM），TMM 是一个采用分级方法确定软件测试能力成熟度的模型，它描述了测试过程的管理，为软件测试过程提供了一个可操作框架。TMM 的建立得益于以下 3 点。

（1）充分吸收 CMM 的精华。

（2）基于历史演化的测试过程。

（3）业界的最佳实践。

TMM 将软件测试过程成熟度分为以下 5 个递增等级。

（1）初始级。在初始级中，测试过程是混乱无序的，几乎没有妥善定义。

（2）定义级。在定义级中，测试过程已被定义，测试和调试已被明确区分开。

（3）集成级。在集成级中，测试不再仅仅是软件生命周期中紧随编码阶段之后的一个阶段，而是贯穿于整个软件生命周期。

（4）管理和度量级。在管理和度量级中，测试已被彻底定义并成为一个度量和质量控制过程。

（5）优化级。在优化级中，测试过程是可重复、已定义、已管理和已度量的，已经建立起规范的测试过程，因此能够对测试过程不断优化。

2.5 软件测试技术及行业的发展趋势

2.5.1 软件测试技术的发展趋势

1. 软件测试的业务分类

从为软件开发公司提供外包测试服务的业务模式看,软件测试可分为 3 种类型,即现场测试、内部测试和设立联合研发中心。

1)现场测试

现场测试(on-site)模式是人员外派模式,主要是指外包测试服务公司把自己的人员派到软件开发公司的现场提供服务,这是在做外包服务初期经常采用的一种模式。在这种模式中,外包测试服务公司基本上只提供人员,不控制项目开发的过程,项目实施过程完全由软件开发公司控制。

2)内部测试

内部测试(in-house)模式分为两种,即完全离岸外包模式(off-house)、现场增援与离岸结合的模式(on-site+offshore)。完全离岸外包模式适用于项目比较成熟、定义明确的情况;现场增援与离岸结合的模式是指将一些人员派到国外软件开发公司,另一些人员则在国内做测试。

3)设立联合研发中心

设立联合研发中心,使测试外包服务公司同软件开发公司的关系更加紧密,是深入行业核心业务后采取的模式。这时,双方实际上已经从供应商与服务商的关系转化为合作伙伴关系。这种模式在国内出现得比较少,但有逐步朝这个方向发展的趋势。

2. 软件测试技术的分类

软件测试技术主要包括以下几个方面。

1)验证技术

软件验证的目的是证明软件生命周期的各个阶段以及各阶段间的逻辑协调性和正确性。目前,软件验证技术还只适用于特殊用途的小型程序。

2)静态测试分析技术

目前,软件测试正在逐渐地由对程序代码的静态测试向高层开发产品的静态测试方向发展,如静态分析工具的产生。静态分析工具是在不执行程序的情况下,分析软件的特性。静态分析主要集中在需求文档、设计文档以及程序结构方面,可以进行类型分析、接口分析、输入/输出规格说明分析等。当前常用的静态分析工具有 ViewLog 公司开发的 LogiScope 分析工具、Software Research12 公司研制的 TestWork/Advisor 分析工具等。

3)测试数据的选择

在测试数据的选择方面,主要是对测试用例进行选择,这对测试的成功与否有着重要的影响。通常从以下几个方面对测试用例的质量进行把握。

（1）检测软件缺陷的有效性。

（2）测试用例的可重用性。通过重用测试用例，进行修改后即可对其他内容进行测试，减轻测试用例的编写工作负担。

（3）检测测试用例的执行、分析和调试是否经济可行。

（4）测试用例的可维护性，即每次软件修改后对测试用例的维护成本控制。目前已有测试数据生成工具产生并应用于实际，如 Bender & Associates 公司开发的功能测试数据生成工具 SoftTest、Parasoft 公司研制开发的 C/C++单元测试工具 Parasoft C++ Test、International Software Automation 公司提供的 Panorama C/C++测试数据生成工具等。

（5）集成化测试。这是软件测试技术的最新发展方向，主要的目标是研究如何实现软件测试的自动化过程以及相关的一系列内容。它将多种测试工具融为一体，合成为功能强大的测试工具，如 WinRunner、Rational 系统测试组件、Parasoft 公司研制开发的自动故障检测系统 Parasoft Insure++等。

此外，还针对测试评估开发出了测试评估工具，用来评估程序结构元素被覆盖的程度，从而确定测试活动的充分性。目前，常见的测试评估工具有贝尔实验室开发的 C 程序测试覆盖分析工具 ATAC、Rational 开发的 PureCoverage、Parasoft Test 测试覆盖率分析工具 CM C++等。

2.5.2　软件测试行业的发展与现状

1. 国内测试行业现状

国内软件行业普遍规模偏小，缺乏大型软件产品经验，开发过程不够规范，这决定了国内软件质量和测试行业必须根据国内行业现状，确定软件质量目标和测试策略方法，而不是照搬照抄国外成熟软件企业的测试方法。正是由于存在这样的问题，软件行业在发展中需要注意以下几个问题。

1）观念创新

提高软件质量的决定因素不是软件测试技术，而是对软件质量和测试的思想观念。只有把提高软件质量上升到企业战略发展的高度，才能从根本上解决问题。长期以来，国内软件行业对软件质量重视程度不足，对于软件测试的作用认识不够，导致项目因质量问题造成进度推迟甚至失败。软件测试在研发过程中，不仅仅是"纠错"，更多的是"优化"，软件测试在软件开发流程中的地位会越来越重要。

为了彻底改变这种被动现象，企业高层管理人员必须从管理思想、资源支持等方面为软件质量和测试部门提供全力支持。软件项目经理必须坚持软件开发和软件测试并行处理，并且互相协调；软件开发人员重视和配合软件测试人员协同进行软件开发的工作，通过软件质量和测试的有效流程进行推动，通过过程改进进行提高，通过有效组织管理，最终提高软件产品质量。

2）流程创新

测试流程决定软件质量。软件测试如同软件开发一样，需要经过收集测试需求、确定测试策略、设计测试、执行测试、分析测试等流程。软件测试不是软件开发的最后阶段，而是贯穿于软件项目的整个生命周期。决定软件测试成败的关键是软件测试需求是否完整、准确，测试策略是否有效和实用，测试设计是否覆盖了测试需求。软件测试流程既不是僵化的生搬硬套，也不是随机的增添取舍。软件企业的质量管理部门和项目开发团队需要根据公司技术、资源现状，针对项目的特点和客户需求，从保证软件质量、项目进度和测试成本等方面，进行优化设计并且不断改进流程管理。对于项目周期长、应用领域广、对质量要求高的软件，必须制订和遵守严格的测试流程。

测试流程创新的目标是在公司内部制订和执行完善的项目质量管理体系。优化项目生产方式，跟踪和度量生产过程和产品，使得生产过程和各阶段产品处于可控和可度量状态，保证产品符合客户的功能和进度需求。

3）技术创新

软件测试是软件工程领域的一项专业技术，测试需求和测试设计是决定软件测试效果的关键因素。因此，加强测试技术创新的重点在于测试需求和设计的创新。

在软件测试技术创新方面，要避免陷入过度追求自动化测试技术的误区。自动化测试确实可以在某些方面显著提高测试效率和准确性，但是自动化测试只适合测试软件某些方面的质量（如性能测试、回归测试等），80%左右的软件缺陷是靠测试人员手工测试发现的。

4）管理创新

软件测试管理的目标是实现软件质量、进度、成本之间的最佳平衡。有效的测试管理需要企业管理层、软件开发团队、质量保证与测试团队通力合作，采用计划、组织、领导、控制等手段，组建高效团队，制订完善的测试流程，做好测试设计，在有效地执行测试过程中，通过加强过程跟踪，最终顺利完成质量保证和测试任务。

测试管理创新的核心是软件质量和测试的团队建设，软件质量和测试是技术密集型活动，团队的知识结构、创造力和凝聚力是保证测试流程、测试技术充分实施的基础。质量和测试团队建设的重点是设置和培养各类技术和管理人才，进行有效交流，形成良好的评估和促进机制。

2. 软件测试的前景

随着软件技术的发展，软件测试面临着巨大的挑战。

（1）软件在国防现代化、社会信息化和国民经济信息化中的作用越来越重要，由此产生的测试任务越来越繁重。

（2）软件规模越来越大，功能越来越复杂，如何进行充分而有效的测试成为难题。

（3）面向对象的开发技术越来越普及，但是面向对象的测试技术却刚刚起步。

（4）对于分布式系统整体性能还不能进行很好的测试。

（5）对于同一实时系统来说，缺乏有效的测试手段。

3. 外包测试需跨越"三道坎"

对于准备承接软件外包服务的公司而言，要加入外包测试服务队伍，至少需要跨越"三道坎"。

第一道坎是难以赢得国际 IT 客户的信赖。中国软件业在空间巨大、利润丰厚的欧美高端市场迟迟未能实现外包突破，几乎成了软件业人士"永远的痛"。目前在软件外包测试方面，虽然这种情况开始有所改变，但要赢得客户信赖，并不是一朝一夕所能成功的。

第二道坎是不完善的业务流程。现代外包测试几乎贯穿软件项目实施的全部过程，项目规划、需求分析、方案设计、软件编码和缺陷处理等各个环节，都需要测试者适时介入。由于软件开发存在阶段性和周期性，需要多次对软件中间测试版本（Builds）进行测试。另外，大型软件外包测试需要分布在世界各地的不同公司（软件开发公司、外包测试公司等）的项目人员组成一个项目团队，各负其责，并进行有效交流。此外，软件缺陷的报告和修正软件进度报告的提交，软件环境设置、测试工具的选择和测试团队的管理都需要制订科学的流程并得到客户的认可，以满足国际软件外包测试的要求。

第三道坎是缺乏测试专业人才。外包测试是软件项目实施过程细分的产物，属于为客户提供技术和质量服务的中间环节。而且软件外包测试是有计划、有组织和有系统的软件质量保证活动，而不是随意的、松散的、杂乱的实施过程，需要符合软件外包测试服务的各类人才包括软件测试执行工程师、测试组长、测试经理以及市场业务人员共同努力。由于软件外包测试属于新兴职业之一，它通常对从业者的外语能力、学习能力、专注性和职业态度等提出更高的要求，而普通高校和各类社会培训机构以前缺乏这方面的教育课程，因此如何招聘到大量的外包测试人才成为这些外包测试公司面临的棘手问题。

就整体而言，国内外包测试仍处于初级阶段。一方面，国内软件公司很少准备将测试外包，甚至很多软件公司缺少内部的测试人员，并且不注重软件测试；另一方面，除了当前由本地化公司在承接国外软件外包测试的表现比较"抢眼"外，其他专门从事第三方软件测试的国内机构数量很少。

有专家指出，中国目前最缺乏的不是编程大师，而是测试大师。为改变这种状况，培养高素质的软件测试人才已经成为当前的重点。就企业方面而言，随着更多的国内大型公司实施国际化步伐的加快，对产品国际化测试的需要将不断提高。有些国内软件公司已经开始将软件测试外包出去，为国内软件测试外包的发展注入了新鲜血液。

2.5.3　软件测试人员的现状

在我国软件业快速发展的最近 10 年，软件开发工程师的人数和职业水平得到了很大的发展，当前我国高水平的软件开发工程师的数量已经可以和国际上许多软件行业发达的国家相比。但是，我们的不足是软件测试人才严重缺乏，尤其是既懂质量管理，又懂测试技术的软件测试工程师，更是凤毛麟角。软件测试人才的培养不能简单地依赖于"师傅带徒弟"的粗放式流程。我们对软件测试技术的探讨也会随着企业的需求而变化，专业的软件测试人才的培养虽然一定程度上可以填补人才需求的缺口，但目前来看，人才缺口将长期存在。

1. 软件测试人员的比例分析

在软件行业发达国家,软件测试在人员配备和资金投入方面占据相当大的比例。例如,微软公司为打造 Windows 2000,组成了由 1700 多个开发人员和 3200 个测试人员的团队,开发人员和测试人员之比约为 3∶5;HP 公司的测试人员和开发人员的比例为 1∶1,这是很多先进软件企业通常的人员配比。

在我国,企业往往忽视软件测试环节,很多企业没有软件测试部门,甚至不设置软件测试岗位,造成产品质量得不到保证;或者软件测试人员设置较少,不到开发人员的 5%。但是,随着产业和企业的发展,企业必然需要大量的测试人员。

2. 软件测试人员能力不足和心态浮躁的主要原因

目前,还存在软件测试人员能力不足和心态浮躁的现象,其原因主要有以下几点。

(1)基础知识不够扎实。仅仅浮浅地了解一些基本的测试技术方法,并没有深入理解这些基本概念。

(2)专业技术不够精通。个人简历上写着精通某技术或某工具,但是基本上没有真正实实在在地应用过。

(3)没有建立相对完整的软件测试体系概念,忽视理论知识。大部分人对软件测试的基本定义和目的不清晰,对自己的工作职责理解不到位。测试理论知识缺乏,认为理论知识没用而没有深入理解测试的基本道理。

2.5.4 软件测试人员的职业规划

软件测试,无论在国内还是国外都是一个非常有前途的职业。那么,选择软件测试后,发展方向如何把握呢?下面简要介绍普遍的软件测试人员的职业发展道路,以及软件测试人员在不同层次的要求。

(1)初级测试工程师。具有一些手工测试经验,能初步开发测试脚本并开始熟悉测试生存周期和测试技术。

(2)测试工程师。能够独立编写自动测试脚本程序,并担任测试编程初期的领导工作,需进一步拓展编程语言、操作系统、网络与数据库方面的技能。

(3)高级测试工程师。帮助开发或维护测试或编程标准与过程,负责同级的评审,并能够指导初级的测试工程师。

(4)项目组长。一般具有 5 年左右工作经验,能够管理一个小团队并负责进度安排、工作规模/成本估算、按进度表和预算目标交付产品,负责开发项目的技术方法,能够为用户提供支持与演示。

(5)测试经理。能够担当测试领域内的整个开发生存周期业务,能够为用户提供交互和大量演示,负责项目成本、进度安排、计划和人员分工。

(6)技术经理。具有多年纯熟的开发与支持(测试/质量保证)活动方面的经验,管理若干项目的相关人员及整个软件开发生存周期,负责把握项目方向与盈亏责任。

在软件测试工作过程中,工作到一定阶段(有的公司 3~5 年,有的公司 8~10 年)

会有两个方向可以选择。

（1）技术方向。一直钻研测试技术，往专家方向发展，在一个公司里成为核心技术人员。这个方向对技术的积累要求很高，适合于只想专心钻研技术的人。要沿着这条路走下去，需要一直不断地在开发能力上积累，并要求有一定的知识广度和对职业的独特理解。

（2）管理方向。工作几年后转向测试经理，之后的发展呈多样化，如质量总监/项目经理等。大多数测试管理人员需要在技术上有一定积累，而且对常用的测试技术、用例设计、配置管理、方案设计等相关工作要比较熟悉，并且有能力调和团队的工作氛围，制订合理的激励机制等，对于综合能力要求较高。

TIPS：易混淆的专业术语

软件测试是提高软件产品质量的必要条件而非充分条件，是提高产品质量最直接、最快捷的手段，但绝不是根本手段。

例如，一只虫子经过主机散热孔的继电器时造成短路，导致机器不工作。

分析如下。

Bug：虫子。

Defect（缺陷）：散热孔缺乏相应保护。

解决方式：在主机的散热孔加装一层细密的金属网，既不影响散热，又可以防止虫子爬到主机里。这是计算机设计人员疏忽的地方，是产品真正的缺陷。虫子引发的故障只是这个缺陷故障中的一种表现形式。

结论如下。

Bug：是 Defect 的一种表现形式。

Defect：存在于软件中的偏差，以静态形式存在于软件内部，可被激活。

Failure（失效）：软件运行时产生的外部异常行为结果，表现为与用户需求不一致，功能终止，用户无法完成所需要的应用。

Error（错误）：指存在编写错误的代码，一种是语法错误，另一种是逻辑错误。

Fault（故障）：软件运行中出现的状态，可引起意外情况，若不加以处理，可产生失效，是一个动态行为。

小　　结

本章主要介绍了软件测试的模型及流程，明确软件质量保证的使命首先是避免错误。软件测试不仅是对程序的测试，也贯穿于软件定义和开发的整个过程。因此，软件开发过程中产生的需求分析、概要设计、详细设计以及编码等各个阶段所得到的文档，包括需求规格说明、概要设计规格说明、详细设计规格说明以及源程序，都是软件测试的对象。对一个系统做的测试越多，就越能确保它的正确性。然而，软件测试通常不能保证系统的运行百分之百正确。因此，软件测试在确保软件质量方面的主要贡献，在于它能发现那些在一开始就应避免的错误。

实　　训

任务 1：以本章内容为基础，上网查阅相关案例，分析软件测试的重要性。

任务 2：结合本章内容，上网查阅软件测试行业岗位要求，结合实际撰写软件测试行业发展分析报告。

任务 3：上网查询外包软件测试工程师岗位要求，并结合自身实际，分析自己具备哪些优秀测试人员的素质，如有不足，以后如何改进并让自己迎接测试未来的挑战。根据以上内容，完成外包软件测试工程师职业素质分析报告。

习　　题

2-1　什么是国际化测试？其目的是什么？

2-2　简述国际化测试的级别分类。

2-3　什么是软件本地化测试？它包含哪些内容？

2-4　什么是软件缺陷？

2-5　软件缺陷的主要类型通常有几种？请举例说明。

2-6　软件产品需求说明书是软件缺陷存在最多的地方的原因有哪些？

2-7　请简述测试、测试用例、测试步骤的概念。

2-8　V 模型的价值是什么？

2-9　简要描述在 V 模型中各个测试阶段的执行流程。

2-10　早期的软件测试有什么特点？

2-11　软件测试所面临的挑战有哪些？

2-12　简述现代软件测试技术的发展趋势。

第 **3** 章

软件测试组织结构与测试文档

 学习目标

- 熟悉软件测试流程。
- 掌握需求分析、设计阶段的测试活动,熟悉测试过程和测试阶段特征的描述。
- 理解软件测试计划的重要性和作用。
- 学习软件测试计划制订的步骤。

软件测试是一个很复杂的过程,涉及软件开发其他各阶段的工作。因此,理解测试组织的结构与功能,明确其在软件开发中的重要性,对于提高软件质量、保证软件的正常运行有着十分重要的意义。另外,在软件开发过程中,使用软件测试文档描述要执行的测试及测试结果,把对测试的要求、过程及测试结果以正式的文档形式记录下来,是软件测试工作规范化的一个重要组成部分。

3.1 软件开发项目组与测试部门组成结构

3.1.1 软件开发项目组

根据软件公司的规模和软件项目的规模不同,开发项目组的人员多少也不尽相同。但在大多数情况下,人员分工是相同的。一般情况下,软件开发项目组由下列人员组成,并承担相应的工作职责。

(1)项目管理经理。全程负责整个软件项目的开发,通常负责编写软件产品说明书、管理项目开发进度、进行重大决策。

(2)系统设计师。担任软件项目小组技术专家,设计整个系统构架或软件构思,需要具有丰富的工作经验与行业背景。

(3)程序员。负责设计、编写程序,并修改软件中的缺陷。通常与项目管理经理、软件设计师密切合作、共同工作。

(4)软件测试员/测试师。负责找出并报告软件产品的问题,与开发小组密切合作,进行测试并报告发现的问题。

(5)技术制作、用户助手、用户培训员、手册编写和文件档案专员。负责编写软件

产品附带的文件和联机文档。

（6）结构管理和制作人员。负责将程序员编写的全部文档资料合并成一个软件包。

3.1.2　软件测试部门组成结构

从不同的角度出发，测试部门的构成可从以下几个方面考虑，包括人员构成、技术构成、资源构成。实际上，一个测试部门的管理者，可从这些方面考虑部门的组织结构。

1. 人员构成

一个完整的测试部门，一般包括以下几个角色，即测试主管、测试组长、环境保障人员、配置管理员、测试设计人员和测试工程师，如图 3-1 所示。

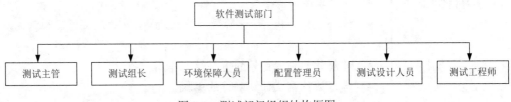

图 3-1　测试部门组织结构框图

1）测试主管

测试主管负责测试部门的日常管理工作，负责部门的技术发展、工作规划等，同时也是测试部门与其他部门的对接人，在其他兄弟部门需要测试部门协助或安排测试工作时，需要首先与测试主管沟通，提出申请。

2）测试组长

测试组长隶属于测试部门，由测试主管指派。在接收到一个项目测试需求后，测试主管会根据项目的实际情况，如项目的技术要求、难易程度，指派合适的测试人员担当测试组长角色，由其负责该项目测试工作。有些公司称测试组长为测试经理。

3）环境保障人员

环境保障人员的作用是维护整个项目过程中的系统环境，如硬件、软件方面的。一般的公司不具备这样的人员，都由测试人员兼职，也可能有专职的环境保障人员，但不隶属于测试部门，所以该角色一般是重叠的。

4）配置管理员

配置管理是软件开发过程中一个极其重要的工作流程，在这个环境可以对需求变更、版本迭代、文档审核起到相当大的作用，所以正规的公司都会配备配置管理员。

5）测试设计人员

一般由高级测试工程师担当，负责项目测试方法设计、测试用例设计以及功能测试、性能测试的步骤、流程设计。很多公司将该角色与测试工程师重叠，不严格区分测试设计人员与测试工程师角色。

6）测试工程师

测试工程师的实际工作内容大多数是执行测试用例，进行系统的功能测试，经过多次版本迭代，完成系统测试。测试工程师一般由初级测试工程师、中级测试工程师担当。

2. 技术构成

技术构成主要是从测试部门需具备的技术角度考虑，主要有白盒测试技术人员、黑盒测试技术人员、自动化测试技术人员、项目管理技术人员等，如图 3-2 所示。

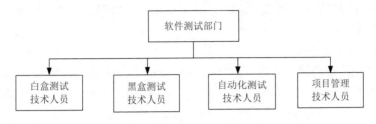

图 3-2　测试部门技术构成框图

1）白盒测试技术人员

白盒测试技术人员需要掌握软件的开发语言，一般需要有几年的开发经验，能够进行底层的代码回顾、测试桩设计等，同时能够使用白盒测试工具对系统的最小功能单元进行测试，找出代码、系统架构方面的缺陷。

2）黑盒测试技术人员

黑盒测试技术人员应具有一定的软件工程理论、软件质量保证知识，需要从系统的功能实现、需求满足情况监察系统的质量。黑盒测试技术人员需要掌握基本的软件开发语言、数据库基本知识、操作系统基本知识、测试流程以及相应的工作经验。

3）自动化测试技术人员

自动化测试技术人员应掌握软件开发的知识、系统的调优、自动化测试工具，如 QuickTest Professional、LoadRunner 等，同时需要具备相当丰富的工作经验。

4）项目管理技术人员

项目管理技术人员应掌握一般常用的项目管理知识，如配置管理、版本控制、评审管理、项目实施与进度控制等，不一定具备多强的测试技术，但需要有丰富的项目管理经验及沟通协调能力，能够保证项目在一个可控的环境下稳定运作。

3. 资源构成

资源构成主要考虑的是测试部门的组建需要哪些硬件、软件资源，主要包括硬件资源、软件资源、技术支持等，如图 3-3 所示。

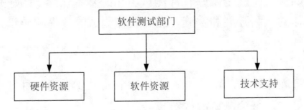

图 3-3　测试部门资源构成框图

1）硬件资源

测试部门面临的是复杂多变的用户环境，需要在不同环境下进行系统测试，所以就需要有齐备的测试环境，如测试 PC、测试服务器、测试芯片、测试手机等，需要模拟各式各样的用户环境，以保证在多变的环境下不会因为硬件的不同导致项目失败。

2）软件资源

在硬件具备的条件下，首先要考虑的是软件环境，如测试需要的操作系统、应用软件、管理软件等。

3）技术支持

有时测试人员在遇到问题时，并不能靠自身的能力解决，这需要兄弟部门给予支持，不管是技术方面还是其他方面，应确保在一个团队合作的环境下更高效地完成测试工作。

3.2　软件测试项目组织

3.2.1　测试的过程及组织

根据软件测试计划，由一名对整个系统设计熟悉的设计人员编写测试大纲，明确测试的内容和测试通过的准则，设计完整、合理的测试用例，以便系统实现后进行全面测试。当软件由开发人员完成并检验后，提交测试组，由测试负责人组织测试，测试一般可通过下列方式进行组织。

1. 编写测试大纲、测试用例

测试人员要仔细阅读有关资料，包括规格说明、设计文档、使用说明书及在设计过程中形成的测试大纲、测试内容及测试的通过准则，全面熟悉系统，编写测试计划，设计测试用例，做好测试前的准备工作。

2. 将测试过程分阶段

软件测试过程按各测试阶段的先后顺序可分为单元测试、集成测试、确认（有效性）测试、系统测试和验收（用户）测试 5 个阶段。

3.2.2　测试人员组织

组织一支优秀的测试团队是做好软件测试工作的基本保障。良好的组织结构和人员划分会促进测试工作的顺利开展和实施，提高软件测试的效率和质量，从而大大提高软件产品的开发效率和产品质量。

测试团队基本职责如下。

（1）在科学的管理体系下，软件测试团队各个成员要明确自身责任，既要完成本职工作又要相互协调好，对整个测试流程负责。

（2）帮助项目管理人员制订合理的产品开发计划。

（3）对软件产品中的问题进行分析和跟踪调查，并形成文档，以便让项目管理人员和相关产品开发人员对当前产品的质量情况有全面的了解。

（4）协助完善软件开发流程，提高产品开发效率。

人是测试工作中最有价值也是最重要的资源，没有一名合格的负责人、积极的测试小组，测试就不可能实现。为高质、高效地完成测试任务，测试主管应该组织测试人员进行集体学习，做到以下几点。

（1）将要做的事情厘清思路，明确团队要达到的目的，厘清做事情的思路和方法；把合理的资源调配到合适的位置上，使测试人员的兴趣和能力结合。

（2）组织测试人员定期培训，让团队的每个人都具备应有的沟通能力、技术能力、自信心、怀疑精神、自我督促能力和洞察力。只有从大的方面先将事情的框架结构厘清楚了，才可能使一个团队具有非常强的战斗力。

（3）组织测试人员进行工作总结，需要对各种错误进行统计，以找到问题的症结所在，从而分析出在什么地方容易犯错误，犯了什么类型的错误，犯错误的原因是什么；就问题而讨论，找出问题的实质，然后加以改进。

（4）组织测试人员提出意见。如果一个团队要发展，就需要大家一齐努力，在讨论问题的过程中避免一言堂，让大家充分参与到设计中，在其中找到自我感觉，这样才能使每一个成员关心项目的每一个角落，工作才能更有效率。

3.2.3　软件测试文件组织

测试文件的编写是测试工作规范化的一个组成部分，测试文件不只在测试阶段才考虑，它在软件开发的需求分析阶段就开始着手，在设计阶段的一些设计方案也应在测试文件中得到反映，以利于设计的检验。测试文件对于测试阶段工作的指导与评价作用是非常明显的，需要特别指出的是，在已开发的软件投入运行的维护阶段，常常还要进行再测试或回归测试，这时仍需用到测试文件。

1. 测试文件的类型

根据测试文件所起的作用不同，通常把测试文件分成两类，即测试计划和测试报告。

（1）测试计划。详细规定测试的要求，包括测试的目的和内容、方法和步骤以及测试准则等。由于要测试的内容可能涉及软件需求和软件设计，因此必须及早开始测试计划的编写工作。通常，测试计划的编写从需求分析阶段开始，到软件设计阶段结束时完成。

（2）测试报告。用来对测试结果的分析说明。经过测试后，证实了软件具有的能力，以及它的缺陷和局限制性，并给出评价的结论性意见，这些意见既是对软件质量的评价，又是决定该软件能否交付用户使用的依据。

2. 测试文件的重要性

测试文件的重要性表现在以下几个方面。

（1）验证需求的正确性。测试文件中规定了用以验证软件需求的测试条件，研究这些测试条件对弄清用户需求的意图是十分有益的。

（2）检验测试资源。测试计划不仅要用文件的形式把测试过程规定下来，还应说明测试工作必不可少的资源，进而检验这些资源是否可以得到，即它的可用性如何。如果某个测试计划已经编写出来，但所需资源仍未落实，就必须及早解决。

（3）明确任务的风险。有了测试计划，就可以弄清楚测试可以做什么、不能做什么。了解测试任务的风险，有助于对潜伏的可能出现的问题事先做好思想上和物质上的准备。

（4）生成测试用例。测试用例的好坏决定着测试工作的效率，选择合适的测试用例是做好测试工作的关键。在测试文件编制过程中，按规定的要求精心设计测试用例有重要的意义。

（5）评价测试结果。测试文件包括测试用例，即若干测试数据及对应的预期测试结果。完成测试后，将测试结果与预期的结果进行比较，便可对已进行的测试提出评价意见。

（6）再测试。测试文件规定和说明的内容，对维护阶段由于各种原因的需求进行再测试是非常有用的。

完成测试后，把测试结果写入文件，这对分析测试的有效性，甚至整个软件的可用性提供了依据；同时还可以证实有关方面的结论。

3.3 测 试 活 动

软件测试虽然是软件生存周期的一个独立阶段，但测试工作却渗透到从分析、设计直到编程的各个阶段中。

3.3.1 测试活动阶段划分

在实际工作中，按各测试阶段的先后顺序，测试环节可分为明显的、同等重要的几个阶段，即需求测试、单元测试、集成测试、确认测试、系统测试和验收测试等阶段。

1. 需求测试

全面的质量管理要求在每个阶段都要进行验证和确认的过程，因此，在需求阶段还需要对需求本身进行测试。这个测试是必要的，因为在许多失败的项目中，70%～85%的返工是由需求方面的错误所导致的，并且因为需求的缘故而导致大量的返工，造成进度延迟、因缺陷而改期，甚至项目的失败，因此要求在项目的源头就开始测试。

在接到测试项目的前期，需要对被测软件的需求规格说明书、概要设计文档、详细设计文档、数据库设计文档等文档资料进行查阅，重点检查需求规格说明书中是否存在描述不准确、需求定义模糊、测试用例不正确、语言存在二义性等问题。

每项需求只应在 SRS（software requirement specification，软件需求规格说明书）中出现一次，这样更改时易于保持一致性。另外，使用目录表、索引和相互参照列表方法将使软件需求规格说明书更容易修改。

2. 单元测试

单元测试（unit testing）的对象是软件设计的最小单位——模块。单元测试是软件开发过程中进行的最低级别的测试活动，是测试执行的开始阶段。在单元测试中，主要采用静态测试与动态测试相结合的方法，检测程序的内部结构。

单元测试的主要目标是确保各单元模块被正确地编码。单元测试除了保证测试代码的功能性，还需要保证代码在结构上具有可靠性和健全性，并且能够在所有条件下正确响应。进行全面的单元测试，可以减少应用级别所需的工作量，并且彻底减少系统产生错误的可能性。如果手动执行，单元测试可能需要做大量的工作，自动化测试会提高测试效率。

通过单元测试，测试人员可以验证开发人员所编写的代码是按照先前设想的方式进行的，输出结果符合预期值，这就实现了单元测试的目的。与后面的测试相比，单元测试创建简单、维护容易，并且可以更方便地进行重复。在《实用软件度量》中，列出了准备测试、执行测试和修改缺陷所花费的时间，这些测试显示出了单元测试的成本效率大约是集成测试的两倍、系统测试的 3 倍。因此，在软件生产过程中及时地开展单元测试是非常有必要的，可以降低编码的错误率，提高编码质量。

单元测试对测试人员的要求相对较高，测试人员一般需要具备几年的代码编写经验，并且要十分熟悉当前的被测系统，以及该系统与其他系统的接口关联情况。在大多数公司中，单元测试一般情况下由对应的开发工程师负责。

3. 集成测试

不管采用什么开发模式，具体的开发工作总要从一个一个的软件单元做起，软件单元只有经过集成才能形成一个有机的整体。

集成测试（integration testing）也称为组装测试，是根据实际情况对程序模块采用适当的集成测试策略组装起来，对系统的接口以及集成后的功能进行正确校验的测试工作。

集成测试是介于单元测试和系统测试之间的过渡阶段，与软件开发计划中的软件概要设计阶段相对应，是单元测试的扩展和延伸。集成测试的目的是检验与接口有关的模块之间的问题，主要采用黑盒测试方法，所有的软件项目都不能摆脱系统集成这个阶段。

软件的开发过程是一个从需求分析到概要设计、详细设计以及编码实现的逐步细化的过程，那么单元测试到集成测试再到系统测试就是一个逆向求证的过程。集成测试模式是软件集成测试中的策略体现，其重要性是明显的，直接关系到软件测试的效率、结果等，一般是根据软件的具体情况来决定采用哪种模式。

4. 确认测试

确认测试也称有效性测试，用于在完成集成测试后，验证软件的功能和性能及其他特性是否符合用户要求。测试的目的是保证系统能够按照用户预定的要求工作，通常采用黑盒测试方法。确认测试最简明、最严格的解释是检验所开发的软件是否能按用户提出的要求运行。若能达到这一要求,则认为开发的软件是合格的。因而有的软件开发部门把确认测试称为合格性测试(qualification testing)。

经过确认测试,应该为已开发的软件做出结论性评价,这不外乎是以下两种情况之一。

(1)经过检验的软件功能、性能及其他要求均已满足需求规格说明书的规定,因而可被接受,视为合格的软件。

(2)经过检验发现与需求说明书有相当的偏离,得到一个各项缺陷的清单。

对于第 2 种情况,往往很难在交付期以前把发现的问题纠正过来,这就需要开发部门和客户进行协商,找出解决的办法。

在全部软件测试的测试用例运行完后,所有的测试结果可以分为以下两类。

(1)测试结果与预期的结果相符。说明软件的这部分功能或性能特征与需求规格说明书符合,从而这部分程序被接受。

(2)测试结果与预期的结果不符。说明软件的这部分功能或性能特征与需求规格说明书不一致,因此要为它提交一份问题报告。

通过与用户的协商,排除所发现的缺陷和错误。确认测试应交付的文档有确认测试分析报告、最终的用户手册和操作手册、项目开发总结报告。

5. 系统测试

在完成确认测试后,为了检验它能否与实际环境(如软硬件平台、数据和人员等)协调工作,还需要进行系统测试。在软件的各类测试中,系统测试是最接近人们的日常测试实践。它是将已经集成好的软件系统,作为整个计算机系统的元素,与计算机硬件、外设、某些支持软件、数据和人员等其他系统元素结合在一起,在实际运行环境下,对计算机系统进行一系列的组装测试和确认测试。可以说,系统测试之后软件产品基本满足开发要求。

系统测试的目标如下。

(1)确保系统测试的活动是按计划进行的。

(2)验证软件产品是否与系统需求用例不相符或与之矛盾。

(3)建立完善的系统测试缺陷记录跟踪库。

(4)确保软件系统测试活动及其结果及时通知相关小组和个人。

常见的系统测试方法有恢复测试、安全测试、强度测试、性能测试、容量测试、正确性测试、可靠性测试、兼容性测试和 Web 网站测试。

系统测试过程其实也是一种配置检查过程,检查在软件生产过程中是否有遗漏的地方,在此时做到查漏补缺,以确保交付的产品符合用户质量要求。

6. 验收测试

通过综合测试之后,软件已完全组装起来,接口方面的错误也已排除,软件测试的最后一步——验收测试即可开始。验收测试(acceptance testing)是向未来的用户表明系统能够像预定要求的那样工作,是测试过程的最后一个阶段。验收测试主要突出用户的作用，同时软件开发人员也应该参与进去。

　　验收测试在整个软件生产流程中非常重要，这个环节是被测软件首次作为正式的系统交由用户使用。其目的是确保软件准备就绪，并且可以让最终用户将其用于执行软件的既定功能和任务。验收测试是检验软件产品质量的最后一道工序，是软件开发结束后，用户对软件产品投入实际应用以前进行的最后一次质量检验活动。它要回答开发的软件产品是否符合预期的各项要求，以及用户能否接受的问题。由于它不只是检验软件某个方面的质量，而是要进行全面的质量检验，并且要决定软件是否合格，因此验收测试是一项严格的正式测试活动。从某个角度来说，用户测试是软件生产流程中的最后质检关。

　　验收测试可以分为两个大的部分，即软件配置审核和可执行程序测试，其大致顺序可分为文档审核、源代码审核、配置脚本审核、测试程序或脚本审核、可执行程序测试。

3.3.2　软件测试过程实施

　　测试过程实施需要解决的核心问题是测试计划、测试用例（大纲）和软件测试报告。测试的计划与控制是整个测试过程中最重要的阶段，它为实现可管理且高质量的测试过程提供基础。这个阶段需要完成的主要工作内容是：制订测试计划；论证那些在开发过程中难以管理和控制的因素；明确软件产品的最重要部分（风险评估）。

1. 制订测试计划

　　开始本阶段的前提条件是完成测试计划的拟定、需求规格说明书（第一版）的确定。本阶段的主要工作内容：对需求规格说明书的仔细研究；将要测试的产品分解成可独立测试的单元；为每个测试单元确定采用的测试技术；为测试的下一个阶段及其活动制订计划。

1）概要测试计划

概要测试计划的内容包括以下几项。

（1）在软件开发初期，进行测试需求分析。

（2）定义被测试对象和测试目标。

（3）确定测试阶段和测试周期的划分。

（4）制订测试人员、软硬件资源和测试进度等方面的计划，并进行任务分配与责任划分。

（5）规定软件测试方法、测试标准。例如，语句覆盖率达到95%，三级以上的错误改正率达95%。

（6）所有决定不改正的"轻微"错误都必须经专门的质量评审组织同意。

（7）支持环境和测试工具等。

（8）待解决的问题等。

2）详细测试计划

详细测试计划是测试者或测试小组的具体测试实施计划，它规定了测试者负责测试的内容、测试强度和工作进度，整个软件测试计划的组成部分，是检查测试实际执行情况的重要依据。

详细测试计划的主要内容有：计划进度和实际进度对照表；测试要点；测试策略；尚未解决的问题和障碍。

2. 编写测试大纲（用例）

测试大纲是软件测试的依据，包括测试项目、测试步骤、测试完成的标准。测试大纲不仅是软件开发后期测试的依据，而且在系统的需求分析阶段也是质量保证的重要文档和依据。无论是自动测试还是手动测试，都必须满足测试大纲的要求。

（1）测试大纲的本质。从测试的角度对被测对象的功能和各种特性的细化和展开。针对系统功能的测试大纲是基于软件质量保证人员对系统需求规格说明书中有关系统功能定义的理解，将其逐一细化展开后编制而成的。

（2）测试大纲的好处。保证测试功能不被遗漏，使得功能不被重复测试，合理安排测试人员，使得软件测试不依赖于个人。

3. 撰写软件测试报告

测试报告是软件测试过程中最重要的文档，记录问题发生的环境，如各种资源的配置情况、问题的再现步骤以及问题性质的说明。测试报告更重要的是记录问题的处理进程，而问题处理进程从一定角度反映测试的进程和被测软件的质量状况以及改善过程。

3.3.3　测试执行过程

通常对整个测试过程需要进行有效的管理，这个过程要完成的任务是规范测试过程和测试执行过程中的阶段性确定。

1. 规范测试过程

本阶段的主要工作内容如下。

（1）根据测试大纲/测试用例/测试脚本进行测试，找出预期的测试结果和实际测试结果之间的差异，在软件问题报告中根据以下内容确定造成这些差异的原因。

① 产品有缺陷吗？

② 规格说明书有缺陷吗？

③ 测试环境和测试下属部件有缺陷吗？

④ 测试用例设计不合理吗？

（2）搭建测试环境（测试数据库、软件环境、硬件环境）。

（3）初始化测试数据库。

（4）确定测试用例描述内容：输入、执行过程、预期输出。

（5）分析测试报告，与软件开发管理层进行沟通，报告内容有以下几项。

① 已测试部分占产品的百分比。

② 还有什么工作要做？

③ 找到了多少个问题或不足？

④ 测试的发展趋势如何？

⑤ 测试是否可以结束？

2. 测试执行过程中的 3 个阶段和集成测试中的两个里程碑

（1）测试执行过程的 3 个阶段为初测期、细测期和回归测试期，这 3 个阶段的主要功能如下。

① 初测期：测试主要功能和关键的执行路径，排除主要障碍。

② 细测期：依据测试计划和测试大纲测试用例；逐一测试大大小小的功能、方方面面的特性、性能、用户界面、兼容性、可用性等；预期可发现大量不同性质、不同严重程度的错误和问题。

③ 回归测试期：系统已达到稳定，在一轮测试中发现的错误已十分有限；复查已知错误的纠正情况，确认未引发任何新的错误时终结回归测试。

测试执行过程的 3 个阶段如图 3-4 所示。

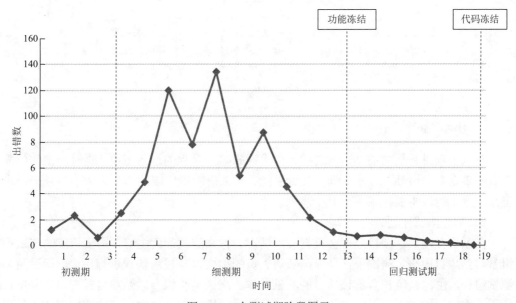

图 3-4　3 个测试期阶段图示

（资料来源：http://www.51testing.com。）

（2）集成测试过程中两个重要的里程碑。

集成测试过程中两个重要的里程碑是功能冻结和代码冻结的确定，这两个里程碑界定出回归测试期的起止界限。

① 功能冻结（function/feature freeze）：经过测试，符合设计要求，确认系统功能和其他特性均不再做任何改变。

② 代码冻结（code freeze）：理论上，在无错误时冻结程序代码，但实际上代码冻结只标志系统的当前版本的质量已达到预期的要求，冻结程序的源代码，不再对其做任何修改。这个里程碑设置在软件通过最终回归测试之后。

3. 测试完成阶段

本阶段的主要工作有以下两项内容。

（1）选择和保留测试大纲、测试用例、测试结果、测试工具。

（2）提交最终测试报告。

测试收尾工作的重要意义在于，产品如果升级或功能变更，或维护，只要对保留的相关测试数据做相应调整，就能够进行新的测试。

3.3.4 测试工作流程

测试部门的工作流程严格意义上来说是按照软件的生命周期作为流转依据，主要有测试准备阶段、测试开展阶段、测试输出阶段这几个环节，如图 3-5 所示。

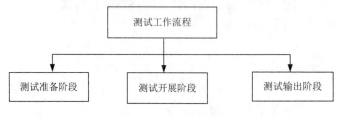

图 3-5 测试工作流程

1. 测试准备阶段

在一个项目开展的前期，需要进行需求调研等一系列的准备工作，这时测试部门需要做的事是参与前期的需求调研，然后根据需求调研阶段生成的需求说明书指导下一步工作。这个阶段主要包括下面几个步骤。

1）制订测试计划

在项目立项后，项目经理会根据实际情况，告知测试部门主管，需要相应的测试小组参与到项目中来。测试主管会根据部门人员的构成以及技术构成进行协调，指派两名测试组长，由测试组长负责该项目的测试工作。测试组长将会联系项目经理，获取项目的需求规格说明书，然后制订相应的测试计划，安排如何开展本项目的测试工作。具体流程如图 3-6 所示。

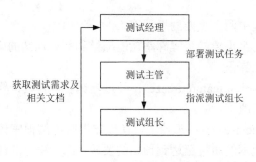

图 3-6 测试工作介入流程

2）建立测试小组

在测试组长制订项目测试计划后，测试组长会根据项目周期长短、项目规模大小组建合适的测试小组。在组建测试小组过程中，多数情况下，小组成员由测试主管指定。成立测试小组后，组长会召开测试项目的小组工作会议，让组员明晰本项目的相关情况，图 3-7 说明了测试小组的建立流程。

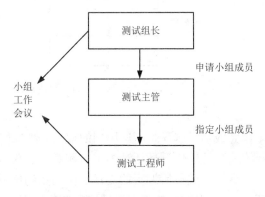

图 3-7　测试小组的建立流程

3）启动需求测试

测试小组成立后，测试组长将会安排小组成员阅读需求文档及其他项目文档，开展需求测试工作。可以按照需求的功能结构划分测试任务，也可整体阅读测试。此阶段，测试工程师需提交需求测试结果报告，并对测试结果报告进行评审，如果合格则开展需求提取工作；如果不合格则由测试组长将需求测试结果反馈至需求文档及其他项目文档，并提供给相关部门进行校正，校正完成后再次测试，直至合格。图 3-8 显示了需求测试的流程。

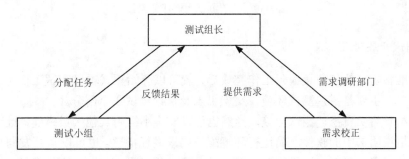

图 3-8　需求测试的流程

4）测试需求提取

在需求评审通过后，测试组长将根据测试工程师的技术能力及工作经验，恰当地将系统功能模块分配给他们，然后结合公司所使用的测试管理工具，如 TestDirector，进行测试需求的提取。测试需求就是提取需要测试的任务点。此阶段按照正规的工作流程，仍需要进行评审活动，以检查需求提取过程中是否存在多余、遗漏等错误。评审合格后，开始测试用例编写流程。当然，在这个阶段也可能需要编写测试方案。图 3-9 展示了测试组长部署测试需求提取任务的一般流程。

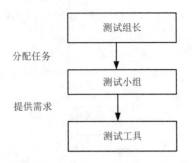

图 3-9　部署测试需求提取任务的一般流程

5）测试用例编写

在测试需求提取工作完成后，就开始测试用例的编写。测试用例是开展软件测试的指导性工作，测试用例的编写是软件测试活动的重点和难点。在这个阶段，同样会有多次测试用例评审会议，检查每个成员所编写的测试用例的正确性及效率。同样，在这个阶段可以使用测试管理工具。图 3-10 是部署测试用例任务流程。

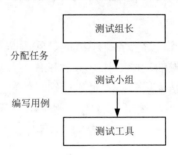

图 3-10　部署测试用例任务流程

2. 测试开展阶段

测试准备阶段的任务及编码工作完成后，就可以开始正式项目测试工作了。这个过程比较简单，主要是搭建测试环境、文档引入及执行测试 3 个部分。

测试组长将负责搭建测试环境，当然也可以安排小组内其他人员搭建，此时，可根据需求规格说明书中的软件产品运行环境配置要求进行搭建，也可以从开发同事那里获取该软件的环境搭建单。这里需要注意的是，测试环境最好与开发环境分开。

接下来需将本次测试过程中可能用到的各种文档规划好，并告知小组成员如何使用这些文档，如每天的工作日报、功能测试报告、性能测试报告等相关文档的模板。最后，执行前期设计的测试用例，根据项目的 Bug 管理流程，经过多次的版本迭代，完成测试工作。

3. 测试输出阶段

测试工作开展过程中，需要输出很多工作，如测试计划、测试方案、测试用例、测试工程师工作日报、功能测试报告、性能测试报告等。这些都是软件测试过程中的输出工件。项目经理会根据最终的软件产品测试报告，衡量当前软件版本的质量，以决定是否发布。

3.4 软件测试文档

3.4.1 软件测试文档概述

1. 测试文档的定义

测试文档（testing documentation）记录和描述了整个测试流程，是整个测试活动中非常重要的文件。测试过程实施所必备的核心文档是测试计划、测试用例（大纲）和软件测试报告。

2. 测试文档的重要性

软件测试文档不只在测试阶段才开始考虑，它应在软件开发的需求分析阶段就开始着手编制，软件开发人员的一些设计方案也应在测试文档中得到反映，以利于设计的检验。测试文档对于测试阶段的工作有着非常明显的指导作用和评价作用。即便在软件投入运行的维护阶段，也常常要进行再测试或回归测试，这时仍会用到软件测试文档。

3. 测试文档的内容

整个测试流程会产生很多测试文档，一般可以把测试文档分为两类，即测试计划和测试报告。

测试计划文档描述将要进行的测试活动的范围、方法、资源和时间进度等。测试计划中罗列了详细的测试要求，包括测试的目的、内容、方法、步骤以及测试准则等。在软件的需求和设计阶段就要开始制订测试计划，不能在开始测试时才制订测试计划。通常，测试计划的编写要从需求分析阶段开始，直到软件设计阶段结束时才完成。

测试分析报告是执行测试阶段的测试文档，对测试结果进行分析说明，说明软件经过测试以后结论性的意见如何、软件的能力如何、存在哪些缺陷和限制等，这些意见既是对软件质量的评价，又是决定该软件能否交付用户使用的依据。由于要反映测试工作的情况，自然应该在测试阶段编写。测试报告包含了相应的测试项的执行细节，是软件测试过程中最重要的文档，记录问题发生的环境，如各种资源的配置情况、问题的再现步骤以及问题性质的说明。测试报告更重要的是还记录了问题的处理进程，而问题的处理进程从一定角度反映了测试的进程和被测软件的质量状况及改善过程。

《计算机软件测试文档编制规范》（GB/T 9386—2008）国家标准给出了更具体的测试文档编制建议，其中包括以下内容。

（1）测试计划。描述测试活动的范围、方法、资源和进度，其中规定了被测试的对象、被测试的特性、应完成的测试任务、人员职责及风险等。

（2）测试设计规格说明。详细描述测试方法、测试用例设计以及测试通过的准则等。

（3）测试用例规格说明。测试用例文档描述一个完整的测试用例所需要的必备因素，如输入、预期结果、测试执行条件以及对环境的要求、对测试规程的要求等。

（4）测试步骤规格说明。测试规格文档指明了测试所执行活动的次序，规定了实施测试的具体步骤，它包括测试规程清单和测试规程列表两部分。

（5）测试日志。日志是测试小组对测试过程所作的记录。

（6）测试事件报告。报告说明测试中发生的一些重要事件。

（7）测试总结报告。对测试活动所作的总结和结论。

上述测试文档中，前 4 项属于测试计划类文档，后 3 项属于测试分析报告类文档。软件测试报告是软件测试过程中最重要的文档，它的内容包括以下几项。

（1）记录问题发生的环境（如各种资源的配置情况）。

（2）记录问题的再现步骤。

（3）记录问题性质的说明。

（4）记录问题的处理进程。问题处理进程从一定角度反映测试的进程和被测软件的质量状况及改善过程。

测试负责人根据测试计划、测试流程和软件问题报告，分析测试执行结果，总结生成软件测试报告。

3.4.2 测试用例概述

测试用例（test case）是为了高效率地发现软件缺陷而精心设计的少量测试数据。实际测试中，因为无法实现穷举测试，所以要从大量输入数据中精选有代表性或特殊性的数据作为测试数据，好的测试用例应该能发现尚未发现的软件缺陷。

1. 测试用例编号

测试用例编号一般是由字符和数字组成的字符串，并且用例编号应具有唯一性、易识别性和自解释性。测试过程中用例定义的规则如下。

（1）系统测试用例。产品编号－ST-系统测试项名－系统测试子项名－XXX。

例如，N3310－ST-CALL－URGENTCALL－001，表示测试手机在没有 SIM 卡的情况下可以拨打紧急号码。

（2）集成测试用例。产品编号－IT-单元测试项名－单元测试子项名－XXX。

例如，N3310－IT-FILEITF－READFILE－001，表示测试模块 A 提供的文件接口。

（3）单元测试用例。产品编号－UT-单元测试项名－单元测试子项名－XXX。

例如，N3310－UT-FILEITF－READFILE－001，表示测试函数 int ReadFile(char *pszFileName)。

排除业务的影响，单纯分析一个用例的优先级别，主要是对功能的使用频率、失效时的影响程度和失效可能性 3 个方面进行评估，其权值分别为 0.4、0.2、0.4，并依此将评估等级分为高、中、低三级，假设高为 5 分，中为 3 分，低为 1 分。将使用频率、失效时的影响程度和失效可能性三者所得分值相加。

① 如果所得分值在 3.5～5 分，那么将测试用例的优先级定为高。

② 如果所得分值在 1.5～3.5 分，那么将测试用例的优先级定为中。

③ 如果所得分值在 0～1.5 分，那么将测试用例的优先级定为低。

评估项权值和优先级如图 3-11 所示。

评估分项	权值（权值之和为1）
使用频率	0.4
影响程度	0.2
失效可能性	0.4

	评估等级 H（5）	评估等级 M（3）	评估等级 L（1）
使用频率	2	1.2	0.4
影响程度	1	0.6	0.2
失效可能性	2	1.2	0.4

优先级	综合评估权值（>=）	综合评估权值（<）
优先级（H）	3.5	5
优先级（M）	1.5	3.5
优先级（L）	0	1.5

图 3-11 评估项权值和优先级

2. 测试用例的构成

如果用数据词典的方法表示，测试用例可简单地表示为

测试用例={输入数据+操作步骤+期望结果}

其中，{ }表示重复。

这个式子还表明，每一个完整的测试用例不仅包含有被测程序的输入数据，而且还包括执行的步骤、预期的输出结果。

下面用一个具体例子来描述测试用例的组成结构。

例如，对 Windows 记事本程序进行测试，选取其中的一个测试项——文件（File）菜单项的测试。

测试对象：记事本程序文件菜单栏（测试用例标识 1000），所包含的子测试用例描述如下：

文件/新建（1001），文件/打开（1002），文件/保存（1003），文件/另存为（1004），文件/页面设置（1005），文件/打印（1006），文件/退出（1007），文件/布局（1008），快捷键（1009）。

选取其中一个子测试用例"文件/退出（1007）"作为详细例子，完整的测试用例描述如表 3-1 所示。通过这个例子，可以了解测试用例具体的描述方法和格式。通过实践，

可获得必要的技巧和经验，从而更好地描述出完整、良好的测试用例。

表 3-1 一个具体的测试用例

字段名称	描述
标识符	1007
测试项	记事本程序，文件菜单项——"文件/退出"菜单的功能测试
测试环境要求	Windows 2K Professional，中文版
输入标准	（1）打开 Windows 记事本程序，不输入任何字符，用鼠标选择菜单中的"文件"→"退出"命令 （2）打开 Windows 记事本程序，输入一些字符，不保存文件，用鼠标选择菜单中的"文件"→"退出"命令 （3）打开 Windows 记事本程序，输入一些字符，保存文件，用鼠标选择菜单中的"文件"→"退出"命令 （4）打开 Windows 记事本文件（扩展名为.txt），不做任何修改，用鼠标选择菜单中的"文件"→"退出"命令 （5）打开 Windows 记事本文件，做修改后不保存，用鼠标选择菜单中的"文件"→"退出"命令
输出标准	（1）词本未做修改，用鼠标选择菜单中的"文件"→"退出"命令，能正确地退出应用程序，无提示信息 （2）词本做修改未保存或者另存，用鼠标选择菜单中的"文件"→"退出"命令，会提示"未定标题文件的文字已经改变，想保存文件吗？"单击"是"按钮，Windows 将打开"保存/另存"对话框；单击"否"按钮，文件将不被保存并退出记事本程序；单击"取消"按钮，将返回记事本窗口
测试用例间的关联	1009（快捷键测试）

3. 测试用例的特性

通常，测试用例具有以下特性。

（1）有效性。测试用例是测试人员测试过程中的重要参考依据，不同的测试人员根据相同的测试用例所得到的输出应该是一致的，准确的测试用例可以保障软件测试的有效性和稳定性。

（2）可复用性。良好的测试用例具有重复使用的功能，这样就可以大大节约测试时间，提高测试效率。

（3）易组织性。在一个软件测试流程中，测试用例可能有成千上万个，但是好的测试计划可以有效地组织这些测试用例，分门别类地提供给测试人员参考和使用，特别是对于测试人员中的新手，好的测试用例可以帮助他们更好地完成复杂的测试任务，提高测试工作效率。

（4）测试用例的代表性。能够代表并覆盖各种合理的和不合理的、合法的和非法的、边界的和越界的以及极限的输入数据、操作和环境设置等。

（5）测试结果的可判定性。即测试执行结果的正确性是可判定的，每一个测试用例都应有相应的期望结果。

（6）测试结果的可再现性。即对同样的测试用例，系统的执行结果应当是相同的。

（7）可评估性。从测试管理的角度，测试用例的通过率和软件缺陷的数目是软件产品质量好坏的测试标准。

（8）可管理性。测试用例可以作为检验测试人员进度、工作量以及跟踪/管理测试人员工作效率的因素。

通用的测试用例模板如表 3-2 所示。

表 3-2　通用的测试用例模板

软件测试用例		
元素	含义	给出定义的测试角色
用例编号	被标识过的测试需求	测试需求分析
测试标题	测试用例的描述	
测试模块	指明测试的具体对象	
用例级别	指明测试用例的优先级别	
测试环境	进入测试实施步骤所需的资源及其状态	
测试输入	运行本测试所需的代码和数据，包括测试模拟程序和测试模拟数据	测试设计（描述性定义）
执行操作	建立测试运行环境、运行被测对象、获取测试结果的步骤序列	
预期结果	用于比较测试结果的基准	测试实现（计算机表示）
评价标准	根据测试结果与预期结果的偏差，判断被测对象质量状态的依据	

4. 测试用例的设计原则

测试用例除了应该符合基本的测试用例编写规范，还要遵守以下基本设计原则。

1）保证测试用例的明确性

测试人员要尽量避免测试用例存在含糊的因素，否则会影响测试工作的进行，影响测试结果的准确性。清晰的测试用例会使测试人员在测试过程中不会出现模棱两可的测试结果。在测试过程中，测试用例的测试结果是唯一的，即通过、没有通过或未进行测试。如果测试没有通过，一般会生成相应的测试错误报告；如果测试没有进行，也会生成相应的原因说明报告，如测试用例本身具有错误性、测试用例的不适用性等。

例如，测试用例如果这样描述。

① 用户正确操作，系统正常运行。

② 用户进行非法操作，系统不能正常运行。

在这里，测试用例没有具体说明什么是正确的操作，什么是非法的操作。另外，从测试用例描述中也无法知道什么是系统的正常或不正常的运行状态。这就必然导致测试人员对测试用例的不确定理解，从而引发测试中的错误问题。

2）保证测试用例的代表性

尽量将具有相似功能的测试用例抽象合并。这样，每一个测试用例都具有代表性，可以测试一类或一系列系统功能。

3）保证测试用例的简洁性

冗长和复杂的测试用例是不应该出现的，因为这样的用例可读性差、不利于测试人员理解和操作。简洁的测试用例可以让测试过程目的明确，让测试结果具有唯一性。

3.4.3 测试用例的编写和执行过程分析

1. 编写测试用例

首先应明确测试用例的以下几个重要组成部分。

（1）简明扼要的标题。

（2）详细的步骤。

（3）正确的预期结果。

例如，在测试记事本时，有了一个想法：应当测试一下这个软件能不能编辑中英文混合输入的内容。为了准确地实现想要测试的思想，需要把它写下来，并且写下来的内容要让任何人看都没有歧义。

测试用例：验证记事本程序可以编辑中英文混合的内容。

测试步骤如下。

（1）运行记事本程序。

（2）切换到中文输入法，输入中文"输入测试"。

（3）切换到英文输入法，输入英文 InputTest。

（4）保存文件，文件名为 inputtest.txt。

（5）关闭记事本程序。

（6）双击 inputtest.txt 打开文件。

预期结果："输入测试 InputTest"。

测试用例还有一个优先级的概念，用来区分哪些用例更重要。一般可以分为 5 个级别，分别用 0~4 表示，数字越小表示越重要。如果项目小，优先级的好处不容易显现出来。当项目比较大、时间又不宽裕时，可能只能执行更重要的测试用例，这时优先级的重要性就体现出来了。

从上面的实例可以发现，其实编写测试用例并不难，但是它仍然容易出一些问题，举例如下。

（1）含混不清或者与内容不相符的标题。例如，上面的例子，如果用例叫"验证记事本可以编辑内容"，这个标题就没有准确表达出测试用例的实际内容。

（2）过于简单的步骤。这是一个容易犯的错误，很多同学在学习编写测试用例的初期，问题写得过于简单。例如，上例中的多个步骤可能会变成唯一的一步：输入"学习编写 InputTest"。如果不是本人，其他人来看时，肯定会引起歧义，怎么输入？是用键盘还是复制的方法？那么，编写测试用例应该详细到什么程度？可让一个不了解你工作的人看，如果他的理解和你一样，说明你已经表述清楚了。

（3）没有写明预期结果。这是个严重的问题，如果没有预期的结果，那什么是对的，什么又是错的呢？如果对错都没有分清楚，做测试的意义又是什么呢？

（4）多个用例混在一个用例中。这也是刚入门的同学容易出现的"好心办坏事"的情况，把测试用例写得特别长，包括很多内容，这样很容易引起混淆，不如分开。而且，如果有多个用例混在一起，用例标题就没有办法表述清楚。另外，如果其中有几个用例通过，而另外几个没有通过，这时测试的结果很难记录，无论是把这个大的用例记录为通过或者不通过都不合适。

上面列出的几个问题，大家应该尽量避免。实际上，编写测试用例最困难的地方是，如何把测试用例写得全面，而这只能依靠实践经验的积累。

有经验的测试人员通过他们长期从事的工作，总结出了一些在设计测试用例时可供参考的依据。

（1）评审通过的需求规格说明书。

（2）评审通过的技术规格说明书。

（3）补充需求，隐含需求。

（4）用户体验及场景分析。

（5）基本成型的用户接口（user interface，UI）。

（6）与产品、开发或用户沟通得到的系统关注点。

（7）产品功能、性能指标。

2. 执行测试用例

虽然在前面已经讨论了如何编写软件测试用例，但如果是一位软件测试的入门者，到单位报到后接手的第一项工作很可能是执行测试用例，而不是去编写。这样的安排是合理的，因为对于新手来说，执行软件测试用例是一个迅速熟悉当前测试工作的好机会，而且压力不大。因为执行测试用例英文是 run case，因此有些公司把执行测试用例叫作"跑 case"。

在对前面编写的"记事本应用程序"测试用例进行测试的过程中，应做到以下几点。

（1）首先要做到的是清晰且正确地理解用例，不带半点含糊。测试的特点就是严谨，执行一个测试用例就是要贯彻用例编写者的测试思想，不能用自己的主观意愿去代替原来的意思。

例如，第（1）步"运行记事本程序"，就应当清楚地知道"记事本"是哪个程序，如果有疑问应该马上问清楚；否则，如果把测试的产品弄错了，一切工作就都白做了，还浪费了时间。这个例子因为非常浅显，所以出现误解的可能性很小，而在实际工作中，还是会有很多模棱两可的地方，这时我们不能偷懒，要勤学多问。

（2）执行用例不能走样。例如，上例中的第（2）步要求输入"输入测试"4 个字，如果为了省事，复制了这几个字，每次都是粘贴过来，虽然速度快了，但却违背了原本测试用例的意思，这是不可行的。用例编写者要求用输入法输入，肯定是有道理的。如果发现没有检测"粘贴"的测试用例，可以建议增加，但不能在执行时就偏离用例的本意。万一这个软件通过测试，最终发布给用户，用户在使用时发现不能输入，而只能粘贴，这个责任就非常大了。

大家都知道，做软件测试要细心，这个要求在执行用例的过程中表现得非常明显。在执行测试用例时，不但要注意实际结果是否与预期结果一致，而且在整个过程中都要保持观察。例如，上例中，如果第（4）步执行保存后，发现文件名并不是自己输入的 inputtest.txt，这时就应当停下来，因为这就是 Bug。

执行测试用例的目的是什么？就是发现 Bug，所以在执行测试用例的过程中，要收集好发现的问题，不能有遗漏。在实际工作中，执行测试用例的过程一般都是紧张的，工作量很大，因此工作人员要不停地往前赶，所以容易出现一些遗漏的问题。Bug 是最能证明测试工程师工作成绩的东西，好不容易发现了，如果还被自己遗漏，岂不令人懊悔？而且，还给产品留下了一个隐患。因此，每发现一个问题都要做好记录。

学习建议：

如前所述，执行测试用例是一个很好的学习机会。可以在工作之余去体会测试用例编写者的测试思想，而测试思想对于测试工程师来说是最重要的。可以想一想，哪些测试用例是自己没有想到的？测试用例编写者的思维主线是什么？经过这样的琢磨，大家对测试工作就会有进一步的认识和体会。另外，还可以尝试着去扩充测试用例，这是一个锻炼和提高自己测试能力的好方法。

3.5 报告软件缺陷

软件测试人员使用软件缺陷跟踪系统的一项主要工作是编写软件缺陷报告。提供准确、完整、简洁、一致的缺陷报告是软件测试的专业性、高质量的评价指标之一。如果缺陷报告包含过少或过多信息、组织混乱，则很难确认该缺陷，由此导致缺陷被退回，延误修正，或者由于没有清楚地说明缺陷的影响而使这些缺陷随版本一起发布出去。

为了提高缺陷报告的质量，需要明确缺陷报告的读者对象，遵守书写缺陷报告的通用规则，合理组织缺陷报告的格式结构，掌握常用的缺陷报告技术。

3.5.1 缺陷报告的阅读对象及基本规划

1. 缺陷报告的阅读对象

在书写软件缺陷报告之前，需要明确谁会阅读缺陷报告，了解读者最希望从缺陷报告中获得什么信息。通常，缺陷报告的直接读者是软件开发人员和质量管理人员，此外，市场和技术支持等部门的人员也可能需要查看缺陷情况。每个阅读缺陷报告的人都需要理解缺陷针对的产品和使用的技术。

概括来说，缺陷报告的读者最希望获得的信息包括以下几点。

（1）易于搜索软件测试报告的缺陷。

（2）对报告的软件缺陷进行了必要的隔离，报告的缺陷信息更具体、准确。

（3）软件开发人员希望获得缺陷的本质特征和复现步骤。

（4）市场和技术支持等部门希望获得缺陷类型分布以及市场和用户的影响程度。

软件测试人员的任务之一就是需要针对读者的上述要求，书写出良好的软件缺陷报告。

2. 书写缺陷报告的基本规则

书写清晰、完整的缺陷报告是保证正确处理缺陷的最佳手段，也减少了工程师以及其他质量保证人员的后续工作。为了书写出更优良的缺陷报告，需要遵守"5C"准则。

（1）Correct（准确）：每个组成部分的描述准确，不会引起误解。

（2）Clear（清晰）：每个组成部分的描述清晰，易于理解。

（3）Concise（简洁）：只包含必不可少的信息，不包括任何多余的内容。

（4）Complete（完整）：包含复现该缺陷的完整步骤和其他本质信息。

（5）Consistent（一致）：按照一致的格式书写全部缺陷报告。

3.5.2　缺陷报告写作技术

1. 标题

标题（title）应该保持简短、准确，提供缺陷的本质信息，并且便于读者搜索查询。良好的缺陷标题应该按照下列方式书写。

（1）尽量按缺陷发生的原因与结果的方式书写（"执行完 A 后，发生 B"或者"发生 B，当 A 执行完后"）。

（2）避免使用模糊不清的词语，如"功能中断，功能不正确，行为不起作用"等，应该使用具体文字说明功能如何中断、如何不正确或如何不起作用。

（3）为了方便搜索和查询，需使用关键字。

（4）为了便于他人理解，避免使用术语、俚语或过分具体的测试细节。

表 3-3 列出了有问题的标题，并给出了如何改进的示例。

表 3-3　缺陷标题的描述

原始描述	错误原因	改进的标题
"Hyphenation does not work"	描述太笼统。什么时候不起作用	"Text breaks at line's end, but no hyphen appears"
"Incorrect behavior with paragraph alignment"	描述太笼统。不正确的行为是什么	"Justified alignment leaves gaps in text composition when tracking is also applied"
"Assert: Cmd Assert Here insert Something Bad Happens"	没有包含原因与结果信息。断言（Assert）太长	"Assert, Something Bad when attempting to update linked bitmap stored on server"
"After each launch then clicking edit and then copy/paste, there is too much delay"	没有指明原因和结果，包含了过分详细的细节信息	"Performance slows noticeably after first launch and copy/paste"
"Quotes appear as symbols when they are imported"	信息没有充分隔离。所有的引号都如此吗？什么类型的符号	"Imported smart quotes from Word Appear as unrecognized characters"

2. 复现步骤

复现步骤（reproducible steps）包含如何使其他人能够很容易地复现该缺陷的完整步骤。为了达到这个要求，复现步骤的信息必须是完整、准确、简明、可再现的。但是，实际软件测试过程中，容易存在一些不良的缺陷报告，主要问题有以下 3 个方面。

（1）复现步骤包含过多的多余步骤，而且句子结构混乱，可读性很差，难以理解。

（2）复现步骤包含的信息过少，丢失了操作的必要步骤。由于提供的步骤不完整，开发人员经常需要猜测，努力尝试复现的步骤，浪费了大量时间。由于缺少关键步骤，这些缺陷通常被工程师以"不能复现"为由再次发送给测试人员。

（3）测试人员没有对软件缺陷发生的条件和影响区域进行隔离，软件开发人员无法判断该缺陷影响的软件部分，不能进行彻底修正。

为了避免出现这些问题，良好的复现步骤应该包含本质的信息，并按照下列方式书写。

（1）提供测试的预备步骤。

① 环境变量。例如，如果默认项或预设、调试版本或发布版本等存在问题，需指明使用的操作系统和应用程序的环境变量。

② 设置变量。指明哪种打印机、字体或驱动程序是复现 Bug 所必需的信息。

③ 复现路径。如果有多种方法触发该缺陷，应在步骤中包含这些方法。同样地，如果某些路径不触发该缺陷，也要包含这些路径。

（2）简单地一步一步地引导复现该缺陷。

（3）每一个步骤尽量只记录一项操作。

（4）每一个步骤前使用数字进行编号。

（5）尽量使用短语和短句，避免复杂句型、句式。

（6）复现的操作步骤要完整、准确、简短，以保证不缺漏任何操作步骤，每个步骤都是准确无误的，没有任何多余的步骤。

（7）将常见步骤合并为较少步骤。

（8）只记录各个操作步骤是什么，不要包含每个操作步骤执行后的结果。

3. 实际结果

实际结果（actual result）是执行复现步骤后软件产生的行为，实际结果的描述很像缺陷的标题，是标题信息的再次强调，要列出具体的表现行为，而不是简单地指出"不正确"或"不起作用"。

如果一个动作产生彼此不同的多个缺陷结果，为了易于阅读，这些结果应该使用数字列表形式分隔开来。有时一个动作将产生一个结果，而这个结果又产生另一个结果。这种情况可能难以清晰、简洁地总结出来。对于这些较难处理的情况，有多种使之易于阅读的解决方法，列举如下。

（1）应进行更多的隔离测试，缩小产生缺陷的范围，查看是否产生多个缺陷。尽可能将缺陷分解成多个缺陷报告，并使用交叉引用说明彼此之间的联系，这些动作的结果通常比较相似但缺陷不同。

（2）在实际结果部分，仅列出缺陷的一到两个表现特征，使用注释部分列出缺陷的其他问题。

4. 期望结果

期望结果（expected result）的描述应该与实际结果的描述方式相同。通常需要列出期望的结果应该是什么，并且给出期望结果的原因，可能是引用的规格说明书、前一版本的表现行为、客户的一般需求、排除杂乱信息的需要等。

为了更清楚地理解良好的期望结果应该包含什么信息，可参考下列内容。

Expected result:

The text that appears should be fully highlighted so that if the user wishes to make changes, they do not have to manually highlight and then type(as in Mac OS 10.x and Windows behavior).

5. 注释

注释（notes）应该包括复现步骤中可能引起混乱的补充信息，是对操作步骤的进一步描述，这些补充信息是复现缺陷或隔离缺陷的更详细内容。注释部分可以包含以下内容。

（1）截取曲线特征图像文件（screenshots）。

（2）测试过程需要使用的测试文件。

（3）测试附加的打印机驱动程序。

（4）再次描述重点，避免开发人员将曲线退回给测试人员补充更多信息。

（5）注释包含缺陷的隔离信息。

3.5.3　软件缺陷报告的写作要点分析

提高缺陷报告的写作水平是不断积累经验，循序渐进的过程。在正式提交缺陷报告前，应对缺陷报告的内容和格式进行自我检查，以避免很多不必要的错误。

1. 自我检查和提问

（1）缺陷报告已经向读者包含完整、准确、必要的信息了吗？

（2）一个缺陷报告中是否只报告了一种缺陷？

（3）读者是否能容易地搜索该缺陷？

（4）步骤是否可以完全复现而且表达清楚吗？

（5）是否包含了复现该缺陷需要的环境变量或测试所用的数据文件？

（6）缺陷的标题是按照原因与结果的方式书写的吗？

（7）实际结果和期望结果是否描述不够清楚而容易引起歧义？

2. 避免常见的错误

（1）使用"I（我）""You（你）"等人称代词。可以直接使用动词或必要时使用"User（用户）"代替。

（2）使用情绪化的语言和强调符号，如黑体、全部字母大写、斜体、感叹号、问号等。只要客观地反映出缺陷的现象和完整信息即可，不要对软件的质量优劣做任何主观性强烈的批评、嘲讽。

（3）使用如"Seems（似乎）""Appears to be（看上去可能）"等含义模糊的词汇。只需要报告确定的缺陷结果即可。

（4）包含认为比较幽默的内容。因为不同读者的文化水平和观念不同，很多幽默内容在别人看来往往难以准确理解，甚至可能引起误解。因此，只需客观地描述缺陷的信息即可。

（5）将不确定的测试问题（issues）放在缺陷管理数据库中。如果对测试软件的某个现象不确定是否是软件缺陷，可以通过电子邮件或口头交流，确认是缺陷后再报告到数据库中，从而避免查询和统计结果的不准确性。

3. 缺陷报告应注意的问题

（1）尽量避免出现错误。
（2）不要把几个 Bug 输入到同一个 ID。
（3）添加必要的截图和文件。
（4）完成 Bug 的输入后应进行检查。

测试人员应该在缺陷报告中尽量清晰地描述缺陷，尽量让开发人员一看就明白是什么问题，甚至明白是什么原因引起的错误，这样可节省更多沟通上的时间。

需要引起测试人员注意的是，Bug 的质量除了缺陷本身外，描述这个 Bug 的形式载体也是其中一种衡量标准。如果把测试人员发现的一个目前为止尚未出现的高严重级别的 Bug 称为一个好 Bug，那么输入的 Bug 描述不清晰，令人费解，难以按照描述的步骤重现的话，则会大大地损坏这个好 Bug 的作用。

TIPS：如何形成良好的测试态度

1. 避免测试自己的程序

测试应由独立的第三方机构来完成。但国内的测试环境并不成熟，因此黑盒测试多由测试人员来完成，而白盒测试则由开发人员通过交叉测试来完成。

让开发人员测试自己的代码是一件相当糟糕的事情，理由如下。

（1）不愿否定自己的工作。程序员一向认为测试人员总是在挑刺，让程序员自己挑自己程序的毛病，更是难上加难。

（2）受到思维定式的局限。程序员对自己开发的程序很熟悉，测试时难以跳出自己的编码思路，若设计时就存在理解错误，或受不良编程习惯影响而导致缺陷，一般很难被发现。

（3）受进度压力的影响。程序员总是在赶进度，能在规定时间内写完代码已经不错了，并没有时间去做测试。"让测试人员去测吧"，这是很多开发人员的态度。

（4）程序员对程序的功能和接口很熟悉，这与最终用户的情况往往并不吻合，开发人员自己来测试程序难以具有典型性。

2. 增量测试

应采用增量测试的方式，即测试范围应从小规模开始，逐步转向大规模。小规模是指测试的粒度，或某种程度的单元测试。进一步的测试将从单个单元的测试逐步过渡到多个单元的组合测试，即集成测试，最终过渡到系统测试。随着从单元测试到集成测试再到系统测试，测试时间、可用资源和测试范围不断扩大。

3. 测试应该分级

不同级别的测试，采用的测试活动、测试方法和测试重点等各有不同，如表3-4所示。

表 3-4　测试分级

测试级别	测试活动	测试类别	测试的文档基础	测试责任主体	测试重点
级别 0	结构化检查	静态测试	各类文档	检查小组	各方面
级别 1	单元测试	白盒测试	软件详细设计文档	开发人员	软件单元设计
级别 2	配置项集成测试	白盒测试	软件概要设计文档	独立测试组	配置项设计/构架
级别 3	配置项资格测试	黑盒测试	软件需求规格说明书	独立测试组	配置项需求

4．测试应有重点

尽管测试应按一定级别进行，但受到资源和时间的限制，不可能无休止地测试下去。因此，在有限的时间和资源下，如何有重点地进行测试是测试管理者需充分考虑的事情。测试的重点选择需根据多方面考虑，包括测试对象的关键程度、可能的风险、质量要求等。这些考虑与经验有关，随着实践经验的增长，判断也会更准确。

5．测试的随意性

软件缺陷是一项系统工程，是有组织、有计划、有步骤的活动。因此，测试应制订合理的测试计划。测试计划反映一个测试团队在正常情况下需完成的工作远景描述，一般包括测试需求、测试策略、资源、项目里程碑、可交付工作等关键内容。但通常情况下，将资源从测试计划中分离出来是一种更好的习惯。

小　　结

本章主要介绍了软件工程中测试组织的结构、人员构成、测试流程及软件缺陷文档的编写规范，使读者对软件测试实际项目有较感性的认识。软件测试的过程中会产生各类测试文档，如何对测试文档进行编写和整理，对软件测试的效率和成果具有重要的意义。

实　　训

任务 1：现有以下测试部门工作角色，包括项目经理张三、测试主管李四、测试组长王五，请就各岗位职责进行测试准备阶段、开展阶段案例模拟。

任务 2：请为记事本程序退出及保存功能设计测试用例，简要分析简单测试用例的编写和执行过程。

任务 3：以书本内容为例或上网查阅相关软件缺陷报告，撰写软件缺陷报告写作要点分析报告。

习　　题

3-1　测试工作分为哪几个阶段？

3-2　验收测试和系统测试的根本区别是什么？

3-3　对一般的软件产品而言，软件测试工作主要测试哪几个方面？

3-4 根据测试文件所起的作用不同，通常把测试文件分成哪几类？请简述其作用。

3-5 从技术角度出发，测试部门应有哪些技术人员？具体的要求有哪些？

3-6 软件测试团队的作用是什么？软件测试人员的职责有哪些？

3-7 设有以下角色：项目经理甲、测试主管乙、测试组长丙、测试工程师丁，试举例说明测试计划制订和测试小组建立的过程。

3-8 通常有哪些人会阅读缺陷报告？

3-9 书写缺陷报告的基本规则是什么？请简要介绍。

3-10 在实际软件测试过程中，容易存在一些不良的缺陷报告的主要原因有哪些？

3-11 好的复现步骤应按照什么方式书写？

3-12 列举在缺陷报告中，遇到较难处理的情况时，使之易于阅读的解决方法。

3-13 测试人员能力不足和心态浮躁的主要原因是什么？

黑盒测试及测试用例的设计

学习目标 ☞

- 理解等价类划分法的思想；掌握等价类划分法和测试用例设计步骤。
- 理解边界值法的思想；掌握边界值法和测试用例设计步骤。
- 掌握因果图法和决策表法的使用步骤。
- 了解测试文档类型。

软件测试行业最常听到的名词就是黑盒测试。黑盒测试是软件测试技术中最基本的方法之一，在各类测试中都有广泛的应用。

黑盒测试称为功能测试或数据驱动测试。在测试时，把被测程序视为一个不能打开的黑盒子，在完全不考虑程序内部结构和内部特性的情况下进行。

采用黑盒测试的目的主要是在已知软件产品所应具有功能的基础上，对以下内容进行检测。

（1）检查程序功能能否按照需求规格说明书的规定正常使用。

（2）测试每个功能是否都没有被遗漏，检测性能等特性要求是否满足。

（3）检测人机交互是否错误。

（4）检测数据结构或外部数据库访问是否错误。

（5）程序是否能适当地接收输入数据而产生正确的输出结果，并保持外部信息（如数据库或文件）的完整性。

（6）检测程序初始化和终止方面的错误。

黑盒测试着眼于程序外部结构，不考虑内部逻辑结构，主要针对软件界面、软件功能、外部数据库访问以及软件初始化等方面进行测试，不破坏被测对象的数据信息。

黑盒测试属于穷举输入测试方法，只有把所有可能的输入都作为测试情况来使用，才能以这种方法查出程序中所有的错误，但通常要受到较大的限制。黑盒测试的各种方法中，应用最为广泛并且最实用的测试方法有等价类划分法、边界值分析法、决策表测试法和因果图法，本节将就这些测试方法进行介绍和讨论。

4.1 等价类划分法

等价类划分法作为一种典型的黑盒测试方法，它完全不考虑程序的内部结构，只根据对程序的要求和说明进行测试用例的设计。使用等价类划分法时测试人员要对需求规格说明书的各项需求，特别是功能需求进行细致的分析，同时，还要对输入要求和输出要求区别对待和处理。等价类划分法是一种重要的、常用的黑盒测试方法，它将不能穷举的测试过程进行合理分类，从而保证设计出来的测试用例具有完整性和代表性。

例如，设计一个测试用例，实现对所有实数进行开平方运算（$y=sqrt(x)$）的程序测试。

思考方向：由于开平方运算只对非负实数有效，这时需要将所有的实数（输入域 x）进行划分，可以分成正实数、0 和负实数。假设选定+1.4444 代表正实数，-2.345 代表负实数，则为该程序设计的测试用例的输入为+1.4444、0 和-2.345。

等价类划分法是把程序的输入域划分为若干部分，然后从每个部分中选取少数具有代表性的数据当作测试用例。经过类别划分后，每一类的代表性数据在测试中的作用都等价于这一类中的其他值，即如果某一类中的一个测试用例检测出错误，那么这一等价类中的其他测试用例也能发现同样的错误；反之，如果某一类中没有一个测试用例检测出错误，则这一类中的其他测试用例也不会查出错误（除非等价类中的某些测试用例又属于另一等价类）。因此，测试人员必须要从大量的可能数据中选取其中一部分作为测试用例。在采用等价类划分法进行测试用例的设计时，必须首先在分析需求规格说明的基础上划分等价类，列出等价类表，从而确定测试用例。

4.1.1 等价类的划分原则

等价类是指某个输入域的子集合。在该子集合中，各个输入数据对于揭露程序中的错误都是等效的，它们具有等价特性，即每一类的代表性数据在测试中的作用都等价于这一类中的其他数据。这样，对于表征该类的数据输入将能代表整个子集合的输入。因此，可以合理地假定：测试某等价类的代表值就是等效于对于这一类其他值的测试。

等价类是输入域的某个子集合，而所有等价类的并集就是整个输入域。因此，等价类对于测试有以下两个重要的意义。

① 完备性。整个输入域提供一种形式的完备性。

② 无冗余性。若互不相交，则可保证一种形式的无冗余性。

传统的等价类划分测试的实现分两步进行：一是确定等价类；二是确定测试用例。软件不能只接收有效的、合理的数据，还应经受意外的考察，及接收无效的或不合理的数据，这样得到的软件才具有较高的可靠性。因此，划分这些等价类就可分为两种情况，即有效等价类和无效等价类。

有效等价类：是指对软件规格说明而言，是有意义的、合理的输入数据所组成的集合。利用有效等价类，能够检验程序是否实现了规格说明预先规定的功能和性能。根据具体问题，有效等价类可以是一个或多个。

无效等价类：是指对软件规格说明而言，是无意义的、不合理的输入数据所构成的集合。利用无效等价类，可以检查被测对象的功能和性能的实现是否有不符合规格说明要求的地方。根据具体问题，无效等价类可以是一个或多个。

如何确定等价类是使用等价类划分法过程中的重要问题，下面是进行等价类划分的几项依据。

1. 按照区间划分

如果规格说明规定了输入条件的取值范围或值的数量，即可确定一个有效等价类和两个无效等价类。举例如下。

（1）前面的例子中要求输入的为 1—12 月中的一个月，则 1—12 定义了一个有效等价类和两个无效等价类，月份小于 1 月份和大于 12 月份。

（2）程序输入条件为小于 100 且大于 10 的整数 x，则有效等价类为 $10 < x < 100$，两个无效等价类为 $x \leq 10$ 和 $x \geq 100$。

2. 按照数值划分

在规定一组输入数据（假设包括 n 个输入值），并且程序要对每一个输入值分别进行处理的情况下，可确定 n 个有效等价类（每个值确定一个有效等价类）和一个无效等价类（所有不允许的输入值的集合）。举例如下。

程序输入 x 取值于一个固定的枚举类型 $\{1, 3, 7, 15\}$，且程序中对这 4 个数值分别进行了处理，则有效等价类为 $x=1$、$x=3$、$x=7$、$x=15$，无效等价类为 $x \neq 1$、7、15 值的集合。

3. 按照数值集合划分

如果规格说明规定了输入值的集合，则可确定一个有效等价类（该集合有效值之内）和一个无效等价类（该集合有效值之外）。举例如下。

（1）要求"表示符应以字母开头"，则"以字母开头"为有效等价类；"以非字母开头"则为无效等价类。

（2）程序输入条件为取值为奇数的整数 x，则有效等价类为 x 的值为奇数的整数，无效等价类为 x 的值不为奇数的整数。

4. 按照限制条件或规则划分

在规定了输入数据必须遵守的规则或限制条件的情况下，可确定一个有效等价类（符合规则）和若干个无效等价类（从不同角度违反规则）。举例如下。

程序输入条件为以字符 a 开头、长度为 8 的字符串，并且字符串不包含 a～z 之外的其他字符，则有效等价类为满足上述所有条件的字符串，无效等价类为不以 a 开头的字符串、长度不为 8 的字符串和包含了 a～z 之外其他字符的字符串。

5. 细分等价类

等价类中的各个元素在程序中的处理方式各不相同，则可将此等价类进一步划分成更细小的等价类，同时构成等价类表。

4.1.2 等价类划分法的测试用例设计过程

在设计测试用例时，应同时考虑有效等价类和无效等价类测试用例的设计。测试人员总是希望用最少的测试用例覆盖所有的有效等价类，但对每一个无效等价类，设计一个测试用例来覆盖它即可。

根据已列出的等价类表，可以确定测试用例，具体过程如下。

（1）为等价类表中的每一个等价类规定一个唯一的编号。

（2）设计一个新的测试用例，使其尽可能多地覆盖尚未覆盖的有效等价类。重复这个步骤，从而使所有有效等价类均被测试用例所覆盖。

（3）设计一个新的测试用例，使其只覆盖一个无效等价类。重复这一步骤，直至使所有无效等价类均被测试用例所覆盖。

在寻找等价区间时，想办法把软件的相似输入、输出、操作分成组，这些组就是等价区间。

在设计测试用例时，应该意识到预期结果也是测试用例的一个必要组成部分，对采用无效的输入也是如此。等价类划分通过识别许多相等的条件，极大地降低了要测试的输入条件的数量，但这种方式不能测试输入条件组合。

4.1.3 等价类划分法设计测试用例实例

例 4-1 登录窗口，以某"人事管理信息系统"为例，其登录窗口的界面如图 4-1 所示。

图 4-1 人事管理信息系统登录窗口

在登录窗口中不考虑身份选择情况，只验证"用户名""密码"的正确性。对每一项输入条件的要求如下。

（1）用户名要求为 4～16 位，可使用英文字母、数字、-、下划线，并且首字符必须为字母或数字。

（2）密码要求为 6～16 位，只能使用英文字母、数字或-、下划线。

步骤一：使用等价类划分法对用户名和密码进行等价类划分，如表 4-1 所示。

表 4-1　用户名和密码的等价类表

输入条件	有效等价类	无效等价类
用户名	4～16 位（1）	少于 4 位（5）
		多于 6 位（6）
	英文字母、数字或-、下划线组合（2）	组合中含有除英文字母、数字、-、下划线之外的其他特殊字符（7）
	首字符为字母（3）	首字符为除字母、数字之外的其他字符（8）
	首字符为数字（4）	
密码	6～16 位（9）	少于 6 位（11）
		多于 16 位（12）
	英文字母、数字、-、下划线组合（10）	除英文字母、数字、-、下划线之外的其他特殊字符（13）

步骤二：根据等价类表设计测试用例，如表 4-2 所示。

表 4-2　用户名和密码测试用例

序号	用户名	密码	覆盖等价类	预期输出
1	ABC_2018	ABC-2017	1、2、3、9、10	登录成功
2	2018-ABC	2017_ABC	1、2、4、9、10	登录成功
3	ABC	12345667	5	提示用户名错误
4	ABCDEFGHIJK123456	12345667	6	提示用户名错误
5	ABC#123	12345667	7	提示用户名错误
6	@ABC123	12345667	8	提示用户名错误
7	ABC_2018	12345	11	提示密码错误
8	ABC_2018	ABCDEFGHIJKL12345	12	提示密码错误
9	ABC_2018	ABC@123	13	提示密码错误

例 4-2　城市的电话号码由两部分组成。这两部分的名称和内容分别是：地区码，以 0 开头的 3 位或者 4 位数字串（包括 0）；电话号码，以非 0、非 1 开头的 7 位或者 8 位数字串。

假定被调试的程序能接受一切符合上述规定的电话号码，拒绝所有不符合规定的电话号码，就可用等价类划分法来设计它的测试用例。

任务实施

步骤一：根据任务分析划分等价类表，如表 4-3 所示。

表 4-3　电话号码等价类表

输入数据	有效等价类	无效等价类
地区码	以 0 开头的 3 位数字串（1）	以 0 开头的含有非数字字符的数字串（3）
	以 0 开头的 4 位数字串（2）	以 0 开头的少于 3 位的数字串（4）
		以 0 开头的多于 4 位的数字串（5）
		以非 0 开头的数字串（6）

续表

输入数据	有效等价类	无效等价类
电话号码	以非 0、非 1 开头的 7 位数字串（7） 以非 0、非 1 开头的 8 位数字串（8）	以 0 开头的数字串（9） 以 1 开头的数字串（10） 以非 0、非 1 开头的含有非法字符的 7 位或者 8 位数字串（11） 以非 0、非 1 开头的少于 7 位数字串（12） 以非 0、非 1 开头的多于 8 位数字串（13）

步骤二：根据等价类表设计测试用例，如表 4-4 所示。

表 4-4　用户名和密码测试用例

测试数据	期望结果	覆盖范围
010　24315678	显示有效输入	（1）、（8）
023　2234567	显示有效输入	（1）、（7）
0851　3456789	显示有效输入	（2）、（7）
0851　23145678	显示有效输入	（2）、（8）
0a34　23456789	显示无效输入	（3）
05　23456789	显示无效输入	（4）
01234　23456789	显示无效输入	（5）
2341　23456789	显示无效输入	（6）
028　01234567	显示无效输入	（9）
028　12345678	显示无效输入	（10）
028　qw123456	显示无效输入	（11）
028　623456	显示无效输入	（12）
028　886234569	显示无效输入	（13）

需记住，等价分配的目标是把可能的测试用例组合缩减到仍然能够满足软件测试需求为止。因此，选择了不完全测试，就要冒一定的风险，所以必须仔细选择分类。

关于等价分配最后要讲的一点是，科学有时也是一门艺术。测试同一个复杂程序的两个软件测试员，可能会制订出两组不同的等价区间，只要审查等价区间的人员认为它们能够覆盖测试对象即可。

4.2　边界值分析法

4.2.1　边界值分析概要

边界值分析法（boundary value analysis，BVA）是一种很实用的黑盒测试用例设计方法，它具有很强的发现程序错误的能力。与前面提到的等价类划分法不同，它的测试用例来自等价类的边界。无数的测试实践表明，在设计测试用例时，一定要对边界附近的处理十分重视，大量的故障往往发生在输入定义域或输出值域的边界上，而不是在其内部。为检验边界附近的处理专门设计测试用例，通常都会取得很好的测试效果。

应用边界值分析法设计测试用例，首先要确定边界情况。输入等价类和输出等价类的边界，就是要测试的边界情况。边界值分析法的基本思想是：选取正好等于、刚刚大于或刚刚小于边界的值作为测试数据，而不是选取像等价类中的典型值或任意值作为测试数据。边界值分析法是最有效的黑盒分析法，但在边界值复杂的情况下，要找出适当的边界测试用例还需要针对问题的输入域、输出域边界，耐心细致地逐个进行考察。

用边界值分析法设计测试用例的方法如下。

（1）首先确定边界情况。通常输入或输出等价类的边界就是应该着重测试的边界情况。

（2）选取正好等于、刚刚大于或刚刚小于边界的值作为测试数据，而不是选取等价类中的典型值或任意值。

例如，下面是一些常见的边界值。

- 对 16bit 的整数而言，32767 和-32768 是边界。
- 屏幕上光标在最左上、最右下位置。
- 报表的第一行和最后一行。
- 数组元素的第一个和最后一个。
- 循环的第 0 次、第 1 次和倒数第 2 次、最后一次。

边界值分析使用与等价类划分法相同的划分，只是边界值分析假定错误更多地存在于划分的边界上。

例 4-3 测试计算平方根的函数的相关说明。

输入：实数

输出：实数

规格说明：当输入一个 0 或比 0 大的数时，返回其正平方根；当输入一个小于 0 的数时，显示错误信息"平方根非法-输入值小于 0"并返回 0；库函数 Print-Line 可以用来输出错误信息。

等价类划分如下。

可以考虑进行以下划分。

- 输入(i)<0 和(ii)≥0。
- 输出(a)≥0 和(b) Error。

测试用例有以下两个。

- 输入 4，输出 2。对应于(ii)和(a)。
- 输入-10，输出 0 和错误提示。对应于(i)和(b)。

边界值分析：划分(ii)的边界为 0 和最大正实数；划分(i)的边界为最小负实数和 0。由此得到以下测试用例。

- 输入{最小负实数}。
- 输入{绝对值很小的负数}。
- 输入 0。
- 输入{绝对值很小的正数}。

- 输入{最大正实数}。

通常情况下,软件测试所包含的边界检验有以下类型:数字、字符、位置、质量、大小、速度、方位、尺寸、空间等。

相应地,以上类型的边界值应该在最大/最小、首位/末位、上/下、最快/最慢、最高/最低、最短/最长、空/满等情况下。

4.2.2 边界值分析法应遵循的原则

在应用边界值分析法进行测试用例设计时,要遵循以下原则。

(1)如果输入条件对取值范围进行了界定,则应以边界内部以及刚超出范围边界外的值作为测试用例。若范围的下界为条件 x,上界为 y,则测试用例应当包含 x、y 以及稍小于 x 和稍大于 y 的值。

(2)如果对取值的个数进行了界定,则应当分别以最大、最小个数及稍小于最小、稍大于最大个数作为测试用例。

(3)对于输出条件,同样可以应用上面提到的两条原则进行测试用例设计。

(4)如果程序规格说明书中指明输入或者输出域是一个有序的集合,如顺序文件、表格等,就应当注意选取该有序集合中的第一个和最后一个元素作为测试用例。

(5)绝对值 x 的测试。对输入变量 x 的绝对值设计测试用例,如表 4-5 所示。

表 4-5 x 的绝对值设计测试用例

序号	输入 x	预期输出	执行结果	说明
1	-10	10		等价类: $x<0$
2	100	100		等价类: $x\geq0$
3	0	0		等价类($x<0$,$x\geq0$)边界值
4	-1	1		小于(等价类 $x<0$,$x\geq0$)范围的值
5	1	1		大于(等价类 $x<0$,$x\geq0$)范围的值

(6)"字符""数值""空间"测试用例设计如表 4-6 所示。

表 4-6 "字符""数值""空间"测试用例设计

项	边界值	测试用例的设计思路
字符	起始-1 个字符/结束+1 个字符	假设一个文本输入区域允许输入 1~255 个字符,输入 1 个和 255 个字符作为有效等价类;输入 0 个和 256 个字符作为无效等价类,这几个数值都属于边界条件值
数值	最小值-1/最大值+1	假设某软件的数据输入域要求输入 5 位的数据值,可以使用 10000 作为最小值、99999 作为最大值;然后使用刚好少于 5 位和多于 5 位的数值作为边界条件
空间	小于空余空间一点/大于满空间一点	例如,在用 U 盘存储数据时,使用比剩余磁盘空间大一点(几 KB)的文件作为边界条件

(7)内部边界值分析。在多数情况下,边界值条件是基于应用程序的功能设计而需要考虑的因素,可以从软件的规格说明或常识中得到。然而,在测试用例设计过程中,

某些边界值条件是不需要呈现给用户的，或者说用户很难注意到，但同时属于检验范畴内的边界条件，称为内部边界值条件或子边界条件。

内部边界值条件主要有以下几种。

① 数值的边界值检验。计算机是基于二进制进行工作的，因此，软件的任何数值运算都有一定的范围限制。表 4-7 所示为内部边界值范围。

表 4-7　内部边界值范围

项	范围或值
位（bit）	0 或 1
字节（Byte）	0～255
字（word）	0～65535（单字）或 0～4294967295（双字）
千（K）	1024
兆（M）	1048576
吉（G）	1073741824

② 字符的边界值检验。在计算机软件中，字符也是很重要的表示元素，其中 ASCII 和 Unicode 是常见的编码方式。表 4-8 列出了常用字符对应的 ASCII 码值。

表 4-8　常用字符对应的 ASCII 码值

字符	ASCII 码值	字符	ASCII 码值
空（null）	0	A	65
空格（space）	32	a	97
斜杠（/）	47	Z	90
0	48	z	122
1	49	{	123
9	57	单引号（'）	96
@	64	冒号（:）	58

注意：表 4-8 不是结构良好的连续表。0~9 的 ASCII 值是 48~57。斜杠字符在数字 0 的前面，而冒号字符在数字 9 的后面。大写字母 A~Z 对应 65~90，小写字母 a~z 对应 97~122。这些情况都代表次边界条件。

如果测试进行文本输入或文本转换的软件，在定义数据区间包含哪些值时，参考 ASCII 表是相当明智的。例如，如果测试的文本框只接受用户输入字符 A~Z 和 a~z，就应该在非法区间中包含 ASCII 表中这些字符前后的值@、【和{。

③ 其他一些边界条件。另一种看起来很明显的软件缺陷来源是当软件要求输入时（如在文本框中），不是没有输入正确的信息，而是根本没有输入任何内容，只按了 Enter 键。这种情况在产品说明书中常常被忽视，程序员也可能经常遗忘，但是在实际使用中却时有发生。程序员总会习惯性地认为用户要么输入信息（不管是看起来合法的还是非法的信息），要么就会单击 Cancel 按钮放弃输入，如果没有对空值进行妥善的处理，恐

怕程序员自己都不知道程序会引向何方。

正确的软件通常应该将输入内容默认为合法边界内的最小值，或者合法区间内的某个合理值；否则，返回错误提示信息。因为这些值通常在软件中进行特殊处理，所以不要把它们与合法情况和非法情况混在一起，而要建立单独的等价区间。

4.2.3　边界值分析法设计测试用例

采用边界值分析测试的基本思想是：故障往往出现在输入变量的边界值附近。因此，边界值分析法利用输入变量的最小值（min）、略大于最小值（min+）、输入值域内的任意值（nom）、略小于最大值（max-）和最大值（max）来设计测试用例。

边界值分析法是基于可靠性理论中称为"单故障"的假设，即有两个或两个以上故障同时出现而导致软件失效的情况很少，也就是说，软件失效基本上是由单故障引起的。因此，在边界值分析法中获取测试用例的方法如下。

（1）每次保留程序中一个变量，让其余的变量取正常值，被保留的变量依次取 min、min+、nom、max- 和 max。

（2）对程序中的每个变量重复步骤（1）。

有两个输入变量 $x_1(a \leqslant x_1 \leqslant b)$ 和 $x_2(c \leqslant x_2 \leqslant d)$ 的程序的边界值分析测试用例如下：

$\{<x_{1nom}, x_{2min}>, <x_{1nom}, x_{2min+}>, <x_{1nom}, x_{2nom}>, <x_{1nom}, x_{2max}>, <x_{1nom}, x_{2max-}>, <x_{1min}, x_{2nom}>, <x_{1min+}, x_{2nom}>, <x_{1max}, x_{2nom}>, <x_{1max-}, x_{2nom}>\}$，在坐标轴上的分布点如图 4-2 所示。

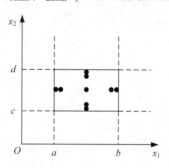

图 4-2　边界值分析图

推论：对一个含有 n 个变量的程序，采用边界值分析法测试程序需要 $4n+1$ 个测试用例。

4.2.4　稳健性测试

稳健性测试是作为边界值分析的一个简单扩充，它除了对变量的 5 个边界值分析取值外，还需要增加一个略大于最大值（max+）以及略小于最小值（min-）的取值，检查超过极限值时系统的情况。因此，对于有 n 个变量的函数采用稳健性测试需要 $6n+1$ 个测试用例。前面程序的稳健性测试如图 4-3 所示。

推论：对一个含有 n 个变量的程序，采用稳健性测试法测试程序需要 $6n+1$ 个测试用例。

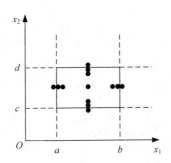

图 4-3　稳健性测试分析图

4.3　决策表测试法

4.3.1　决策表概述

在所有的黑盒测试方法中，基于决策表（也称判定表）的测试是最严格、最具有逻辑性的测试方法。

决策表是分析和表达多逻辑条件下执行不同操作的工具。

在一些数据处理问题中，某些操作的实施依赖于多个逻辑条件的组合，即针对不同逻辑条件的组合值，分别执行不同的操作。决策表很适合处理这类问题。

决策表具有以下优点：能够将复杂的问题按照各种可能的情况全部列举出来，简明并避免遗漏。因此，利用决策表能设计出完整的测试用例集合。运用决策表设计测试用例，可以把条件理解为输入，把动作理解为输出。

4.3.2　决策表的组成

决策表通常由以下 4 部分组成。

① 条件桩：列出问题的所有条件。

② 条件项：针对条件桩给出的条件列出所有可能的取值。

③ 动作桩：列出问题规定的可能采取的操作。

④ 动作项：指出在条件项的各组取值情况下应采取的动作。

构造决策表的 5 个步骤如下。

① 确定规则的个数：n 个条件的决策表有 2^n 个规则（每个条件取真、假值）。

② 列出所有的条件桩和动作桩。

③ 填入条件项。

④ 填入动作项，得到初始决策表。

⑤ 简化决策表，合并相似规则。

若表中有两条以上规则具有相同的动作，并且在条件项之间存在极为相似的关系，便可以合并；合并后的条件项用符号"-"表示，说明执行的动作与该条件的取值无关，称为无关条件。

例 4-4 "阅读指南"决策表。

表 4-9 所示为一张关于某教材的"阅读指南"决策表，表中列举了读者读书时可能遇到的 3 个问题，若读者的回答是肯定的（判定取真值），标以字母"Y"；若回答是否定的（判定取假值），标以字母"N"。3 个判定条件共产生 8 种取值情况。该表还为读者提供了 4 条建议。

表 4-9 "阅读指南"决策表

选项		序号							
		1	2	3	4	5	6	7	8
问题	觉得疲倦？	Y	Y	Y	Y	N	N	N	N
	感兴趣吗？	Y	Y	N	N	Y	Y	N	N
	糊涂吗？	Y	N	Y	N	Y	N	Y	N
建议	重读					√			
	继续						√		
	跳到下一章							√	√
	休息	√	√	√	√				

4.4 因果图法

等价类划分法和边界值分析法，着重考虑输入条件，而不考虑输入条件的各种组合，也不考虑各个输入条件之间的相互制约关系。如果在测试时必须考虑输入条件的各种组合，则可能的组合数目将是一个天文数字，因此必须考虑使用一种适合描述多种条件的组合，产生多个相应动作的测试方法，这就需要用到因果图。因果图法能够帮助测试人员按照一定的步骤，高效率地开发测试用例，以检测程序输入条件的各种组合情况。它是将自然语言规格说明转化成形式语言规格说明的一种严格的方法，可以指出规格说明存在的不完整性和二义性。

因果图中使用了简单的逻辑符号，以直线连接左、右结点。左结点表示输入状态（或称原因），右结点表示输出状态（或称结果）。因果图中用 4 种符号分别表示规格说明中的 4 种因果关系。

一般来说，通过画因果图，在图上标明约束和限制，然后转换成判定表，最后设计测试用例。在实际测试工作中，对于较为复杂的问题，这个方法常常十分有效，适合检查程序输入条件的各种组合情况，能够顺利确定测试用例。

图 4-4 表示了常用的 4 种符号所代表的因果关系。

在因果图的基本符号中，图中的左结点 c_i(i=1, 2, 3, …, n)表示输入状态（或称原因），右结点 e_i 表示输出状态（或称结果）。c_i 与 e_i 取值 0 或 1，0 表示某状态不出现，1 表示某状态出现。

① 恒等：若 c_1 是 1，则 e_1 也为 1；否则 e_1 为 0。

② 非：若 c_1 是 1，则 e_1 为 0；否则 e_1 为 1。

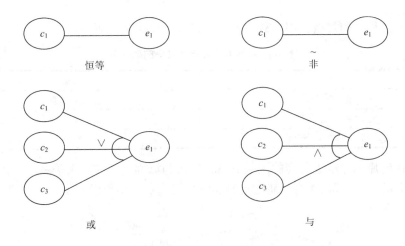

图 4-4　常用的 4 种符号所代表的因果关系

③ 或：若 c_1 或 c_2 或 c_3 是 1；则 e_1 为 1；否则 e_1 为 0。

④ 与：若 c_1，c_2 和 c_3 都是 1，则 e_1 为 1；否则 e_1 为 0。

在实际问题中输入状态相互之间还可能存在某些依赖关系，称为"约束"。例如，某些输入条件本身不可能同时出现。输出状态之间也往往存在约束。在因果图中用特定的符号表明这些约束，对于输入条件的约束有以下 4 种。

① E 约束（异）：a 和 b 中最多有一个可能为 1，即 a 和 b 不能同时为 1。

② I 约束（或）：a 和 b 中至少有一个必须是 1，即 a 和 b 不能同时为 0。

③ O 约束（唯一）：a 和 b 必须有一个且仅有一个为 1。

④ R 约束（要求）：a 是 1 时，b 必须是 1，即 a 是 1 时，b 不能是 0。

对于输出条件的约束只有 M 约束。M 约束（强制）：若结果 a 是 1，则结果 b 强制为 0。因果图法最终要生成决策表。

因果图的编制、分析、判定表的转换和测试用例设计步骤如下。

① 分析软件规格说明中哪些是原因（即输入条件或输入条件的等价类），哪些是结果（即输出条件），并给每个原因和结果赋予一个标识符。

② 分析软件规格说明中的语义，找出原因与结果之间、原因与原因之间的对应关系，根据这些关系画出因果图。

③ 由于语法或环境的限制，有些原因与原因之间、原因与结果之间的组合情况不可能出现。为表明这些特殊情况，在因果图上用一些记号表明约束或限制条件。

因果图法测试实例

④ 把因果图转换为决策表。

⑤ 根据决策表中的每一列设计测试用例。

例 4-5　用因果图法解决输入字符问题。

程序的规格说明要求：输入的第一个字符必须是#或*，第二个字符必须是一个数字，此情况下进行文件的修改；如果第一个字符不是#或*，则给出信息 N，如果第二个字符不是数字，则给出信息 M。解决步骤如下。

（1）分析程序的规格说明，列出原因和结果，如表 4-10 所示。

表 4-10　程序规格说明书原因和结果

原因	结果
c_1：第一个字符是#	e_1：给出信息 N
c_2：第一个字符是*	e_2：修改文件
c_3：第二个字符是一个数字	e_3：给出信息 M

（2）找出原因与结果之间的因果关系、原因与原因之间的约束关系，画出因果图，如图 4-5 所示（编号为 10 的中间结点是导出结果的进一步原因）。

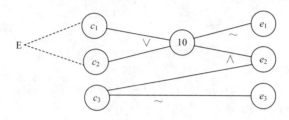

图 4-5　因果图

（3）将因果图转换成决策表，如表 4-11 所示。

表 4-11　因果图转换成的决策表

选项		1	2	3	4	5	6	7	8
条件	c_1	1	1	1	1	0	0	0	0
	c_2	1	1	0	0	1	1	0	0
	c_3	1	0	1	0	1	0	1	0
	10			1	1	1	1	0	0
动作	e_1							√	√
	e_2			√		√			√
	e_3				√		√		
	不可能	√	√						
测试用例				#3	#A	*6	*B	A1	GT

（4）根据（3）中的决策表，设计测试用例的输入数据和预期输出，如表 4-12 所示。

表 4-12　测试用例表

测试用例编号	输入数据	预期输出
1	#3	修改文件
2	#A	给出信息 M
3	*6	修改文件
4	*B	给出信息 M
5	A1	给出信息 N
6	GT	给出信息 N 和信息 M

事实上，在较为复杂的问题中，因果图法十分有效，可帮助检查输入条件组合，设计出非冗余、高效的测试用例。如开发项目在设计阶段就采用了决策表，就不必再画因果图，可直接利用决策表设计测试用例。

小　　结

本章主要介绍了黑盒测试的各类方法，每种方法都有自身的特点及适用范围。掌握和运用这些方法并不难，但每种方法都有其所长。在进行测试时，需要对被测软件的具体特点进行分析，选择合适的测试方法，才能有效解决软件测试中的问题。通常，在确定测试方法时，应遵循以下原则。

（1）根据程序的重要性和一旦发生故障将造成的损失来确定测试等级和测试重点。

（2）认真选择测试策略，以便尽可能少地使用测试用例，发现尽可能多的程序错误。

实　　训

任务 1：试用等价类划分法为下列三角形问题设计测试用例。

问题描述：输入 3 个整数 a、b、c，分别作为三角形的 3 条边，现通过程序判断由 3 条边构成的三角形的类型为等边三角形、等腰三角形、一般三角形（特殊的还有直角三角形）以及构不成三角形。现在要求输入 3 个整数 a、b、c，且必须满足以下条件：

条件 1　　$1 \leqslant a \leqslant 100$

条件 2　　$1 \leqslant b \leqslant 100$

条件 3　　$1 \leqslant c \leqslant 100$

条件 4　　$a < b+c$

条件 5　　$b < a+c$

条件 6　　$c < a+b$

如果输入值不满足条件 1~6 中的任何一个，程序给出相应的信息。比如，"a 的取值不在允许范围内"等；如果 a、b、c 满足条件 1、条件 2 和条件 3，则输出下列 4 种情况之一。

（1）如果不满足条件 4~6 中的一个，则程序输出为"非三角形"。

（2）如果 3 条边相等，则程序输出为"等边三角形"。

（3）如果恰好有两条边相等，则程序输出为"等腰三角形"。

（4）如果 3 条边都不相等，则程序输出为"一般三角形"。

任务 2：试用边界值分析法为上述三角形问题设计测试用例。

任务 3：有一个处理单价为 1 元、5 角的自动售货机软件。若投入 1 元或 5 角硬币，按下"可乐"、"雪碧"或"红茶"按钮，相应的饮料就送出来，若投入的是两元硬币，在送出饮料的同时退还 5 角硬币。请根据原因和结果设计出因果图并转换为测试用例。

习　题

4-1　什么是等价类划分法？具有什么特点？

4-2　等价类划分分别有哪几种不同的情况？各自的含义是什么？

4-3　简述确定等价类的原则。

4-4　利用等价类划分法为三角形问题设计测试用例。

4-5　C 语言变量标识符。

在 C 语言中有这样的规定："变量标识符由字母、数字和下划线组成，并且首字符只能是字母和下划线，标识符的有效字符个数是 8 个，最大字符数是 80 个。"请利用等价类划分法列出等价类表。

4-6　请根据以下描述，使用等价类划分法测试程序的登录。

在各种输入条件下，测试程序的登录对话框功能。用户名和密码的规则如下。

（1）用户名长度为 6～10 位（含 6 位和 10 位）。

（2）用户名由字符（a～z、A～Z）和数字（0～9）组成。

（3）不能为空、空格和特殊字符。

（4）密码规则同用户名规则。

4-7　某一 8 位微机，其八进制常数定义为：以 0 开头的数是八进制整数，其值的范围是-0177～0177，如 05、0127、-065，请使用等价类划分法为其设计测试用例。

4-8　测试一个函数，其输入限制为 6 位正整数。请利用边界值分析法设计出相应的测试用例。

4-9　三角形每条边长为整数，将三角形每条边长的取范围值设置为[1，100]。试用基本边界值法为三角形问题编写测试用例。

4-10　在 NextDate 函数中，隐含规定了变量 month 和变量 day 的取值范围为 $1 \leqslant month \leqslant 12$ 和 $1 \leqslant day \leqslant 31$，并设定变量 year 的取值范围为 $1912 \leqslant year \leqslant 2050$。试用健壮性测试边界值法为 NextDate 函数编写测试用例。

第 5 章

白 盒 测 试

学习目标☞
- 掌握白盒测试的基本概念以及相关方法。
- 了解白盒测试的必要性。

白盒测试（white-box testing）有时也称为玻璃盒测试、结构化测试、逻辑驱动测试等。白盒测试方法基于内部逻辑分析，针对程序语句、路径、变量状态等进行测试。它关注软件产品的内部细节和逻辑结构，即把被测的程序看成是一个透明的盒子，在清楚被测软件的内部结构、程序逻辑等之后，对代码进行全面的逻辑分析之后进行准确定位、有效的测试。因此，白盒测试方法非常适合进行单元测试。

白盒测试有多种方法，如代码审查、同行评审、逻辑覆盖法、基本路径测试法及程序插桩技术等。代码检查法和静态结构分析法属于静态测试，逻辑覆盖法、基本路径测试法、程序插桩技术属于动态测试。

5.1　白盒静态测试

静态测试是一种不执行程序而进行测试的技术，通过其他手段（如检查、审查），达到检测目的。关键是检查软件的表示和描述是否一致、是否没有冲突或者没有歧义以及检查规范格式和算法是否优化。

5.1.1　代码审查

代码审查（code review）即在不执行程序的条件下仔细审查代码（可采用互查、走查等形式），从而找出软件编码故障的过程。经验表明，代码中 65%以上的缺陷可以通过代码审查发现。代码审查可以使修复的费用大幅度降低，而且黑盒测试人员还可以根据审查备注确定存在软件缺陷的特性范围。

1. 代码审查的范围和要素

代码审查的目的是生成合格的代码，检查源程序编码是否符合详细设计的编码规定，确保编码与设计的一致性和可追踪性，即检查的方面主要包括书写格式、子程序或函数的入口和出口、参数传递、存储器的使用、逻辑表达式的正确性和代码结构合理性等。另外，软件编程中所存在的一些共同点是可以规范和控制的，如语句的完整性、注释的明确性、数据定义的准确性、嵌套的次数限制、特定语句的限制等。

那么，如何进行代码审查呢？一般来说，一个代码审查小组通常由 4～5 人组成，分别是本程序的编码人员、程序的设计人员、测试技术人员以及小组协调人员等。需要注意的是，协调人员的职责包括安排进程、分发材料、记录发现的所有错误并确保所有错误随后得到改正。协调人员在代码检查中起主导作用，因此，协调人员最好不要是程序的编码人员。

正式审查过程中有以下 4 个关键要素。

1）确定问题

代码审查的目的是找出代码是否存在逻辑上的错误以及是否在代码中引入了没有在设计中指定的包。在代码检查中，参与人员必须树立正确的态度，如果程序员将代码检查视为对其个人的攻击，采取防范的态度，那么检查过程就不会有效果。因此，软件中存在的错误应被看作是伴随着软件开发所固有的问题，而不是编写程序人员本身的弱点。

2）遵守准则

为了使审查过程有条不紊地进行，在审查前就必须设定一套准则，其中包括审查地点，最好是不受外界干扰的环境、会议时间最好不超过两小时、代码量以及检查代码的速度适中等，这样审查才能保质保量地完成。

3）提前准备

参与人员必须明确自己的职责和义务。经验表明，审查过程中找出的大部分问题是在准备期间发现的。

4）编写审查报告

审查过程最终必须形成一个书面总结报告并及时提交，便于开发小组成员进行修改和改进。

通过正式审查不但可以及早发现软件缺陷，而且可以在讨论和交流中增进成员间的信任，为程序员之间交流经验、相互学习提供平台。同时，还可以间接促进程序员更加认真仔细地编写和检查代码。

在 IBM、微软等很多公司都有过很好的实践，那就是公开展示性的代码审查。这种代码审查的过程，不是将代码发给某一个人或某几个人去看，而是强调程序员自己定期走上台，向其他人讲解自己的源程序。因为要向大家讲解自己的程序，程序员会极其重视自己的工作进度、代码质量，不希望由于代码写得差而出现难堪的局面。所以，程序员在编写代码时，就时刻想着可能随时会被选中去做代码展示，所以会非常认真地对待每一行代码。

2. 代码审查应注意的软件缺陷

代码审查应注意哪些地方可能存在软件缺陷。首先，必须对代码的规范性进行审查，如嵌套的 IF 语句是否正确地缩进、注释是否准确并有意义、是否使用有意义的标号等。有时会出现编写的代码不符合某种标准和规范，虽然这些问题不影响代码正常运行，但是如果程序员能严格遵守一些语言编码标准，如 IEEE 提供的程序规范和最佳文档，将有助于更早地发现缺陷、提高代码质量，而且可以帮助程序员遵守规则，养成好的习惯，以达到预防缺陷的目的。

除了对代码的规范性进行审查外，还要考虑以下几种类别的错误。

（1）数据引用错误，主要包括：使用了未初始化和未赋值的变量；数组下标越界；数组下标非为正整数；"虚调用"，即引用了非法内存；按照错误的数据类型引用内存数据；数据类型与引用它的结构不匹配；内存寻址错误等。

（2）数据声明，主要包括：使用了未声明的变量；变量声明的属性错误；变量在声明时初始化错误；变量的长度和数据类型错误；变量的初始化与存储空间类型不一致；变量名称过于相似。

（3）运算错误，主要包括：运算的变量之间数据类型不一致；存在相同数据类型、不同字长的变量之间的运算；被赋值的变量数据类型小于右侧表达式的返回结果的数据类型；存在混合模式的运算；表达式运算结果存在溢出；存在用 0 作除数；计算进制错误等。

（4）比较错误，主要包括：存在不同数据类型的比较；混合模式比较中类型转换规则错误；比较运算逻辑不正确，尤其注意"等于"的情况；Bool 表达式所叙述的内容是否正确；浮点变量比较错误；逻辑运算优先级错误；使用了编译器不接受的写法。

（5）流程控制错误，主要包括：含有潜在的非法分支；存在死循环的可能；存在从来没有执行的循环体；循环越界；循环次数多一次或者少一次（常常因为≥和>、≤和<的区别造成）；do 和 while 不匹配；代码块中的"{"和"}"的个数不匹配；未设置默认的判断分支。

（6）接口错误，主要包括：形参与实参数量不匹配；形参与实参的数据类型不匹配；形参和实参的量纲不匹配；原本输入参数的值被改变。

（7）输入输出错误，主要包括：文件声明属性错误；文件打开属性错误；打开文件的内存空间不足；使用了未打开的文件；文件使用后未关闭；未处理判断文件结束的条件；未处理文件打开失败的情况。

（8）其他检查，主要包括：程序出现警告；程序未检查输入的合法性；程序遗漏了某些功能。

5.1.2 同行评审

评审属于测试范畴，评审工作是测试过程的重要阶段，也属于开发过程的一个重要阶段。在实际操作中，二者可以放在一起进行，也可以分开进行。同行评审（peer review）属于静态测试的范畴，是由生产者（作者）的同行，为识别异常和需要修改的部分而对工作产品进行的有组织、有计划的检查。同行评审与其他在企业内部进行的测试不同，属于跨企业测试，对于代码检查的参与人员的范围扩大到了整个社会。同行评审并不是对个人的工作不信任，其目的是尽早有效地消除软件产品中的异常。

按照被评审的对象进行划分，可以分为对代码的检查和对各种工作产品的评审。这里的工作产品是指在软件开发生命周期中所产生的各种对象，包括各种文档、组件等。

按照同行评审的形式进行划分，可以分为正式评审和非正式评审。非正式评审更灵活、简单，但其过程不够严谨，适合对较小的工作产品进行检查。

1. 同行评审的原因

（1）只要是人皆有出错的时候，要保证自己做出的东西错误尽量少，就需要他人对其进行评审。

（2）对于软件产品来说，缺陷发现得越早，纠正缺陷所需的费用就越少。因此，在软件的开发阶段，如果严格进行同行评审，那么后续流程中出现的错误就会很少，这也可以为公司节约纠错的成本。

（3）同行评审过程中发现的错误可作为案例传承下去，避免开发人员再次掉进同一个陷阱。特别是对于新员工来说，经常参与同行评审，可减少试错的次数，也能够达到对新工作及早上手的目的。

2. 同行评审的角色

同行评审分为 5 个角色，分别如下。

（1）会议主持人（moderator）。负责评审过程的关键人物，收集检查数据错误分类、严重程度，控制评审进度、时间、内容，防止内容发散。

（2）评审人（inspectors）。负责从通常的视点出发，发现评审对象的缺陷，以及缺陷影响到的技术领域。评审人员又分为以下两种。

① 局内评审人：熟知评审对象的相关知识，对发现缺陷有积极性。

② 局外评审人：可以为评审提供客观的、新的视点和见解。

（3）评审对象（文件的）的信息负责人（author）。为评审全过程提供评审材料的信息，在时间和成本允许的范围内，负责修改主要缺陷及任何小的、零散的缺陷，也兼有评审员的身份。

（4）阅读员（reader）。会议中负责阅读或意译评审对象的细节，也兼有评审员的作用。

（5）记录员（recorder）。记录实际的评审过程中发现的缺陷，也兼有评审员的作用。

3. 同行评审的流程

1）计划阶段

（1）项目负责人指定组织者；作者自检工作产品；组织者规划本次评审，制订评审计划（review plan）。

（2）检查入口准则。是否符合文档标准；是否已用工具检查；代码不多于 500 行；文档不少于 40 页……

（3）准备评审包。内容包括评审通知单、待评审产品、参考资料、评审表单（review form）及评审计划。

（4）确定评审专家 3~6 人，选取原则为评审对象所处生命周期上一阶段、当前阶段和后一阶段的参与者（即和评审对象相关的人员）。

（5）组织者将评审包、评审通知单发给相关人员。

2）介绍会议（可选）

（1）不了解流程以及产品技术难度较高，技术较新时，由专家提出，作者讲解相关产品及流程。

（2）时间不超过 1h，以 30～60min 为宜。

3）准备阶段（最重要、发现缺陷最多的阶段）

（1）评审专家个人独立完成工作产品的审视，提出缺陷，填写评审表单；反馈评审表单给组织者。

（2）准备时间大于会议时间，且应于会议前两天开始。

（3）组织者需汇总并检查评审表单，裁决是否需要增加评审投入（增加准备时间、增加评审专家人数、更换评审专家等）。

4）Review 会议（只提问题，不关注是否解决）

（1）组织者召开评审会议（不能是作者）。

（2）讲解员讲解工作产品（不能是作者或组织者）。

（3）大家共同确认问题（评审表单中记录的问题、会上发现的问题），由组织者进行裁决。

（4）记录员记录所有的问题，并发给组织者。

（5）组织者更新评审表单（问题确认、问题根源、预防/修正措施）。

5）第三小时会议（可选）

在评审会议上未解决或有争议的问题，由作者决定是否召开第三小时会议。

6）返工

作者修改工作产品，更新评审表单。

7）跟踪

（1）组织评审专家确认各缺陷得到了修改，并且没有引入新的缺陷。

（2）协助组织者确认相关问题得到了正确修改并且没有引入新的缺陷。

（3）将所有需要的数据汇总到评审表单并发给相关评审专家。

（4）是否需要重新评审。

4. 同行评审的问题

1）同行评审的优点

（1）最重要的是让软件变得更易读和易于维护。

（2）作为保证普遍的编程标准的机制。

（3）作为保证指定语言的编码标准的机制。

（4）提早发现 Bug。

（5）满足顾客对这方面行为的明确要求。

2）同行评审存在的问题

（1）需要其他项目组提供资源，组织起来困难。

（2）一旦组织不好，可能会流于形式。

（3）专家的建议在技术上不一定能达到。

因此，要彻底地执行同行评审，需要做到以下几点。

（1）公司要明确规定所有的软件开发项目必须走同行评审的流程，并定期抽查同行评审的执行情况。

（2）作者本人要持有开放心态，愿意分享自己的工作成果，并勇于承认自身的不足而加以改进。很多人都不大乐意被别人指出自身的问题，而同行评审的目的就是要发现问题，因此，这在一定程度上是对作者心态的考验。作者本人要明白是产品有缺陷，要对产品中的问题进行完善。

（3）评审人员要对事不对人，要懂得同行评审是为了发现产品的缺陷，而非人自身的问题。不要将同行评审活动变为针对作者本人的人身攻击，这不利于整个团队的团结。同行评审的一个宗旨就是大家在一起学习，取长补短，共同提高。

（4）公司要对同行评审的结果进行总结，并以文档的形式保存起来，方便后期查阅。很多软件产品出现的问题都是相似的。在着手开发产品之前，如果能够了解前期类似产品中出现的问题，那么大家就可以少走很多弯路，工作效率和产品质量也在无形中得到了提高。

（5）为了确保软件产品的质量，所有的工作成果（包括程序、文档、图形等）都应该接受同行评审。不管是老员工还是新员工，都能够从同行评审中受益。

5.2　白盒动态测试

5.2.1　程序流程图和控制流图

白盒测试是指对软件产品内部逻辑结构进行测试，测试人员必须对测试中的软件有深入的理解，包括其内部结构、各单元部分及其内在联系，还有程序运行原理等。程序流程图（flowchart）又称为框图，是程序设计时大家最为熟悉的，如图 5-1 所示。为了更加突出程序的内部结构，便于测试人员理解源代码，可以对程序流程图进行简化，生成控制流图（control flow graph）。简化后的控制流图是由结点和控制边组成的，如图 5-2 所示。

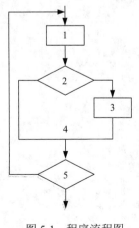

图 5-1　程序流程图

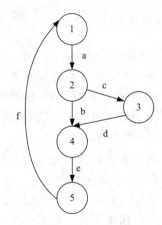

图 5-2　控制流图

在控制流图中有两种符号，即结点、控制流线（或弧）。

① 结点。以有编号的圆圈表示。代替操作、条件判断及汇合点，表示一个或多个无分支的源程序语句。

② 控制流线或弧。以带箭头的线或弧表示，代表控制流的方向，如图 5-2 中的 a、b、c、d、e、f 所示。

控制流图有以下两个特点。

① 具有唯一入口结点，表示程序段的开始语句，称为源结点。

② 具有唯一出口结点，表示程序段的结束语句，称为汇聚结点。

常见的控制流如图 5-3 所示。

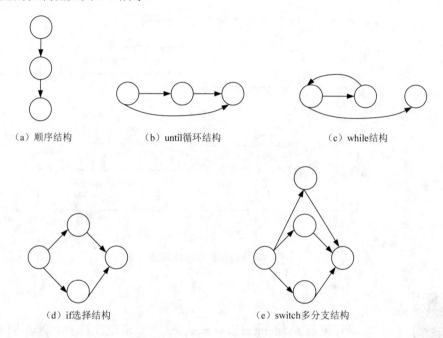

（a）顺序结构　　　（b）until循环结构　　　（c）while结构

（d）if选择结构　　　（e）switch多分支结构

图 5-3　常见的控制流

在将程序流程图简化成控制流图时，应注意以下几点。

① 在选择或多分支结构中，分支的汇聚处应有一个汇聚结点。

② 边和结点圈定的区域叫作区域，当对区域计数时，图形外的区域也应记为一个区域。

程序控制流程图的重要性在于，程序的执行对应于从源结点到汇聚结点的路径。检验程序从入口开始，执行过程中经历的各个语句，直到出口，是白盒测试最为典型的问题。

5.2.2　逻辑覆盖法

逻辑覆盖法以程序内部逻辑结构为基础，通过对程序逻辑结构遍历实现程序测试的覆盖。根据覆盖源程序语句的详尽程度，逻辑覆盖法可以分为：语句覆盖、判定覆盖、条件覆盖、判定 1 条件覆盖、条件组合覆盖、路径覆盖。

为说明几种逻辑覆盖测试方法之间的不同，结合下面一小段程序来讨论。

```
if((age>25) AND (sex=M) )then comm=comm+1500;
if ((age>=50) OR (comm>2000.0)) then comm=comm-200;
end;
```

其中，3 个输入参数是年龄 age（整数）、性别 sex（男或女）和佣金 comm（实数）。程序流程图如图 5-4 所示。

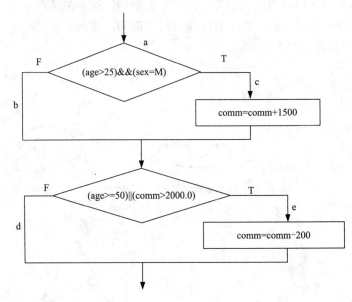

图 5-4　被测程序段流程图

1. 语句覆盖

语句覆盖

语句覆盖（statement coverage，SC）要求设计若干个测试用例，使得代码中每个可执行语句至少被执行一次。这里所谓"若干"，自然是越少越好。

测试覆盖率工具，如 TrueCoverage、PureCoverage。

在上述程序段中，如果选择：

```
age=50,sex=M,comm=2500.0                    Test1
```

作为测试用例，则程序按路径 ace 执行。这样该程序段的 4 个语句都得到执行，从而做到了语句覆盖。如果选择：

```
age=50,sex=F,comm=2500.0                    Test2
```

程序则按 abe 执行，没有达到语句覆盖。

从以上实例可以看出，语句覆盖具有以下优点。

（1）能够检查所有语句。

（2）结构简单的代码的测试效果较好。

（3）容易实现自动测试。

（4）代码覆盖率比较高。

从程序中每个语句都得到执行这一点来看，语句覆盖的方法似乎能够比较全面地检验被测程序的每一个语句。但语句覆盖是很弱的逻辑覆盖准则，假如这一程序段中两个判断的逻辑运算有问题，如第一个判断的运算符"AND"错写成运算符"OR"，或是第二个判断中的运算符"OR"错写成运算符"AND"，这时使用测试用例 Test1，程序仍按路径 ace 执行，但不会发现判断中逻辑运算的错误。

语句覆盖在测试被测程序时，除了对检查不可执行语句有一定作用外，并不能排除被测程序包含故障的风险。必须意识到，被测程序并非语句的无序堆积，语句之间存在着许多有机的联系。

语句覆盖的缺点：对于隐藏的条件和可能到达的隐式分支是无法测试的。它只在乎运行一次，而不考虑其他情况，是最弱的逻辑覆盖准则。

2. 判定覆盖

判定覆盖（decision coverage，DC）指的是设计足够的测试用例，使得每个判断获得每一种可能的结果至少一次，即对被测试模块中的每一个判断的取真分支和取假分支至少执行一次。因此，判定覆盖又称为分支覆盖。

判定覆盖

仍以上述程序段为例，若选用两组测试用例：

```
age=50,sex=M,comm=2500.0                    Test1
age=20,sex=M,comm=1500.0                    Test3
```

则分别执行路径 ace 和 abd，从而使两个判断的 4 个分支 c、e、b、d 分别得到检测。

也可以选用另外两组测试用例：

```
age=40,sex=M,comm=1500.0                    Test4
age=50,sex=F,comm=1900.0                    Test5
```

则分别执行路径 acd 和 abe，同样也可覆盖 4 个分支。

上述两组测试用例不仅满足了判定覆盖，同时还满足了语句覆盖。从这一点看似乎判定覆盖比语句覆盖更强。但是，如果在此程序段中的第 2 个判断条件 comm>2000.0 错写成 comm<2000.0，使用测试用例 Test5，照样能按原路径（abe）执行，且并不影响测试结果。这个事实说明，只进行判定覆盖仍无法确定内部条件的错误。因此，需要有更强的逻辑覆盖准则去检验判断语句内的条件。

判定覆盖具体的优点如下。

（1）判定覆盖具有比语句覆盖更强的测试能力，比语句覆盖要多几乎一倍的测试路径。

（2）无须细分每个判定就可以得到测试用例。

判定覆盖具体的缺点如下。

（1）条件语句中逻辑运算符的正确性无法测试。

（2）循环次数错误无法测试。

（3）跳出循环条件错误无法测试。

条件覆盖

3. 条件覆盖

条件覆盖（condition coverage，CC）要求设计足够多的测试用例，使得判断中的每个条件获得各种可能的结果，即每个条件至少有一次为真值，有一次为假值。

在上述程序段中，第一个判断应考虑到以下两条。

➢ 条件 age>25　取真为 T1，取假（即 age≤25）为-T1。

➢ 条件 sex=M　取真为 T2，取假（即 sex=F）为-T2。

第二个判断应考虑到以下两条。

➢ 条件 age≥50　取真为 T3，取假（即 age<50）为-T3。

➢ 条件 comm>2000.0　取真为 T4，取假（即 comm≤2000.0）为-T4。

为其设计 3 个测试用例，即 Test1、Test3、Test5，执行该程序段所走路径及覆盖条件，如表 5-1 所示。

表 5-1　条件覆盖测试用例一

测试用例	age	sex	comm	所走路径			覆盖条件			
Test1	50	M	2500.0	a	c	e	T1	T2	T3	T4
Test3	20	M	1500.0	a	b	d	-T1	T2	-T3	-T4
Test5	50	F	1900.0	a	b	e	T1	-T2	T3	-T4

从表 5-1 中可以看出，3 个测试用例覆盖了 4 个条件的 8 种情况，也覆盖了两个判断的 4 个分支。是否可以这样说，做到了条件覆盖，也就必然实现了判定覆盖呢？分析下面的测试用例 Test6 和 Test7，执行程序段的覆盖情况，如表 5-2 所示。

表 5-2　条件覆盖测试用例二

测试用例	age	sex	comm	所走路径			覆盖条件			
Test6	20	M	2100.0	a	b	e	-T1	T2	-T3	T4
Test7	50	F	1500.0	a	b	e	T1	-T2	T3	-T4

从表 5-2 中可以看出，覆盖了条件的测试用例不一定覆盖了分支。事实上，它只覆盖了 4 个分支中的两个，即 b 和 e。为解决这一矛盾，需要对条件和分支进行兼顾测试。

条件覆盖测试的优点：条件覆盖比分支覆盖增加了对符合判定情况的测试，增加了测试的路径。

条件覆盖测试的缺点：设计若干测试用例，执行被测程序以后，要使每个判断中每个条件的可能取值至少满足一次；但覆盖了条件的测试用例不一定覆盖了判定。

4. 判定/条件覆盖

判定/条件覆盖（decision/condition coverage，D/CC）是判定覆盖和条件覆盖的组合，指的是设计足够的测试用例，使得判定中每个条件的所有

判定/条件覆盖

可能取值至少出现一次，并且每个判定取到的各种可能的结果也至少出现一次。

在上述程序段中，应满足以下覆盖情况。

条件：age >25，age≤25，sex=M，sex=F，即 T1，-T1，T2，-T2。

age≥50，age<50，comm>2000.0，comm≤2000.0，记为 T3，-T3，T4，-T4。

为其设计两个测试用例，即 Test1、Test8，执行该程序段所走路径及覆盖条件，如表 5-3 所示。

表 5-3 判定/条件覆盖测试用例

测试用例	age	sex	comm	所走路径	覆盖条件
Test1	50	M	2500.0	a c e	T1 T2 T3 T4
Test8	20	F	1500.0	a b d	-T1 -T2 -T3 -T4

判定/条件覆盖测试的优点：判定/条件覆盖测试既满足判定覆盖准则，又满足条件覆盖准则，弥补了二者的不足。

判定/条件覆盖测试的缺点：判定/条件覆盖未满足条件组合覆盖，又忽略了路径覆盖的问题。没有考虑单个判定对整体结果的影响，无法发现程序中的逻辑错误。

5. 条件组合覆盖

条件组合覆盖（condition combination coverage，CCC）是指执行足够多的例子，使每个判定中条件的各种可能组合都至少出现一次。

在上述程序段中，两个判断各包含两个条件，这 4 个条件在两个判断中可能有以下 8 种组合。

条件组合覆盖

（1）age>25，sex=M，记为 T1，T2。

（2）age>25，sex=F，记为 T1，-T2。

（3）age≤25，sex=M，记为-T1，T2。

（4）age≤25，sex=F，记为-T1，-T2。

（5）age≥50，comm>2000.0，记为 T3，T4。

（6）age≥50，comm≤2000.0，记为 T3，-T4。

（7）age<50，comm>2000.0，记为-T3，T4。

（8）age<50，com≤2000.0，记为-T3，-T4。

可以设计 4 个测试用例，覆盖上述 8 种条件组合，如表 5-4 所示。

表 5-4 条件组合覆盖测试用例

测试用例	age sex comm	所走路径	覆盖组合	覆盖条件
Test1	50 M 2500.0	a c e	（1）（5）	T1 T2 T3 T4
Test6	20 F 2100.0	a b e	（3）（7）	-T1 T2 -T3 T4
Test7	50 F 1500.0	a b e	（2）（6）	T1 -T2 T3 -T4
Test8	20 F 1500.0	a b d	（4）（8）	-T1 -T2 -T3 -T4

这一程序段共有 4 条路径，即 abd、abe、acd 和 ace。以上 4 个测试用例固然覆盖了所有的条件组合，同时也覆盖了 4 个分支，但只覆盖了 3 条路径，漏掉了路径 acd。而路径能否被全部覆盖在软件测试中是一个重要的问题，因为程序要取得正确的结果，就必须消除遇到的各种障碍，沿着特定的路径顺利执行。只有程序中的每一条路径都得到验证，才能说程序受到了全面检验。

6. 路径覆盖

路径覆盖是指选取足够多的测试数据，使程序的每条可能路径都至少执行一次（如果程序图中有环，则要求每个环至少经过一次）。对于一些大型程序，其包含的路径总量是非常庞大的，如果要把所有路径都找出来去覆盖也是不现实的，需要以下几种方法来简化程序中的路径。

① 单个判断语句的路径计算。
② 单个循环语句中的路径计算。
③ 有嵌套判断或循环时的路径计算。

5.2.3 基本路径测试法和程序插桩技术

1. 基本路径测试法

基本路径测试法是在程序控制流图的基础上，通过分析控制构造的环路复杂性，导出基本可执行的路径集合，从而设计测试用例的方法。

在基本路径测试中，设计出的测试用例要保证在测试中程序的每条可执行语句至少执行一次。

需要使用程序的控制流图进行可视化表达。

环路复杂度：环路复杂度是一种为程序逻辑复杂性提供定量测度的软件度量。

有以下 3 种方法用于计算环路复杂度。

① 控制流图中区域的数量对应于环路的复杂度。

② 给定流图 G 的环路复杂度 $V(G)$，定义为 $V(G)=E-N+2$，其中 E 是控制流图中边的数量，N 是控制流图中结点的数量。

③ 给定控制流图 G 的环路复杂度 $V(G)$，定义为 $V(G)=P+1$，其中 P 是控制流图 G 中判定结点的数量。

基本路径测试法适用于模块的详细设计及源程序。其步骤如下。

① 以详细设计或源代码为基础，导出程序的控制流图。
② 计算得出控制流图 G 的环路复杂度 $V(G)$。
③ 确定线性无关的路径的基本集。
④ 生成测试用例，确保基本路径集中每条路径的执行。

2. 程序插桩技术

程序插桩技术是借助往被测程序中插入操作来实现测试目的的方法，即向源程序中添加一些语句，实现对程序语句的执行、变量的变化等情况进行检查。

程序插桩技术一方面可检测测试的结果数据，另一方面还可以借助插入的语句给出的信息了解程序的执行特性。

设计插桩程序时需要考虑以下问题。

（1）需要探测哪些信息。该问题需要结合具体情况解决，并不能给出笼统的回答。

（2）在程序的什么部分设置探测点。在实际测试中通常在以下部位设置探测点。

① 程序块的第一个可执行语句之前。

② for、do、do while、do until 等循环语句处。

③ if、else if、else、end if 等条件语句各分支处。

④ 输入或输出语句之后。

⑤ 函数、过程、子程序调用语句之后。

⑥ return 语句之后。

⑦ goto 语句之后。

（3）需要设置多少个探测点。原则是需要考虑如何设置最少探测点的方案。一般情况下，在没有分支的程序段中只需要一个计数语句，如果出现了多种控制结构，使得整个结构十分复杂，则需要针对程序的控制结构进行具体分析。

5.2.4　白盒测试方法选择

在实际的测试工作中，有以下几条选择白盒测试方法的经验供参考。

（1）在测试中，可采取先静态再动态的组合方式，先进行代码检查和静态结构分析，再进行覆盖测试。

（2）利用静态分析的结果作为引导，通过代码检查和动态测试的方式对静态分析的结果做进一步确认。

（3）覆盖测试是白盒测试的重点，一般可使用基本路径测试法达到语句覆盖标准，对于软件的重点模块，应使用多种覆盖标准衡量测试的覆盖率。

（4）在不同的测试阶段测试重点不同。在单元测试阶段，以代码检查、覆盖测试为主；在集成测试阶段，需要增加静态结构分析等；在系统测试阶段，应根据黑盒测试的结果，采用相应的白盒测试方法。

小　　结

白盒测试关注软件产品的内部细节和逻辑结构，利用构件层设计的一部分而描述的控制结构来生成测试用例，需要对系统内部结构和工作原理有一个清楚的了解。白盒测试可分为静态测试和动态测试。静态测试不通过执行程序而进行测试，其关键是检查软件的表示与描述是否一致、是否存在冲突或者歧义；动态测试需要执行程序，当程序在模拟的或真实的环境中执行之前、之中和之后，对程序行为进行分析，主要验证一个程序在检查状态下是否正确。

实　　训

任务：对于下面的程序，假设输入的取值范围是 1000<year<2001，使用基本路径测试法为变量 year 设计测试用例，使其满足基本路径覆盖的要求。

```
int IsLeap(int year)
{
    if(year%4==0)
    {
        if(year%100==0)
        {
            if(year%400==0)
            leap=1;
            else
            leap=0;
        }
        else
            leap=1;
    }
    else
        leap=0;
    return leap;
}
```

习　　题

5-1　什么是白盒测试？

5-2　什么是静态测试和动态测试？

5-3　简述语句覆盖、判定覆盖、条件覆盖、判定/条件覆盖、条件组合覆盖和路径覆盖的含义。

5-4　对以下程序段，画出程序流程图，并完成以下要求。

（1）按照"语句覆盖"选择确定测试用例及执行路径。

（2）按照"判定覆盖"选择确定测试用例及执行路径。

（3）按照"条件覆盖"选择确定测试用例及执行路径。

（4）按照"判定/条件覆盖"选择确定测试用例及执行路径。

（5）按照"条件组合覆盖"选择确定测试用例及执行路径。

（6）按照"路径覆盖"选择确定测试用例及执行路径。

```
if(x>1 && y=1) then
   z=z*2;
if(x=3 || z>1) then
   Y++;
```

5-5　什么是代码审查？

5-6　代码审查应注意的软件缺陷有哪些？

5-7　简要描述同行评审的优点和缺点。

第6章

网站测试与自动化测试

学习目标

- 理解特定环境及应用的测试。
- 掌握图形用户界面（GUI）测试内容。
- 理解应用软件自动化测试的基本概念，认识与理解软件自动化测试生存周期方法学及其应用。
- 了解软件自动化测试工具与测试平台的获取及引入。

目前，许多传统的信息和数据库系统正在被移植到互联网上，复杂的分布式应用也正在 Web 环境中出现。Web 网站的网页是由文字、图形、音频、视频和超级链接组成的文档。网络客户端用户通过浏览器的操作，搜索查看所需要的信息。对网站的测试包含多个方面，如配置测试、兼容测试、可用性测试、文档测试等。对于 Web 网站的测试，黑盒测试、白盒测试、静态测试和动态测试都有可能用到，当然也包括面向对象测试技术的运用。

6.1 Web 网站的测试

基于 Web 网站的测试是一项重要、复杂且具有难度的工作。由于用户对 Web 页面质量有很高的期望，因此 Web 测试相对于非 Web 测试来说是更具挑战性的工作。基于 Web 的系统测试与传统的软件测试不同，它不但需要检查和验证是否按照设计所要求的项目正常运行，而且要测试系统在不同用户的浏览器端的显示是否合适，还要从最终用户的角度进行安全性和可用性测试。然而，因特网和 Web 网站的不可预见性使测试基于 Web 的系统难度加大。因此，需要研究基于 Web 网站的测试方法和技术。

基于 Web 的系统测试方法要关注以下几点。

（1）网页的哪些基本部分需要测试？

（2）在网页测试中要运用哪些基本的白盒测试技术和黑盒测试技术？

（3）如何运用配置测试和兼容性测试？

（4）为什么易用性测试是网页的主要问题？

（5）如何使用工具协助网站测试？

通常 Web 网站测试的内容包含以下几个方面。

（1）功能测试。

（2）性能测试。

（3）安全性测试。

（4）可用性/易用性测试。

（5）配置和兼容性测试。

（6）数据库测试。

（7）代码合法性测试。

下面对前 3 种测试进行介绍。

6.1.1 功能测试

功能测试是测试中的重点，在实际的测试工作中，功能在每一个系统中具有不确定性，而在实际的测试中不可能采用穷举的方法进行测试。因此，Web 网站功能测试应以测试 Web 站点的功能是否符合需求分析的各项要求为主要目的。

对于网站的测试而言，每一个独立的功能模块都需要设计相应的测试用例进行测试。功能测试的主要依据为《需求规格说明书》及《详细设计说明书》，对于应用程序模块则要采用基本路径测试法的测试用例进行测试。

功能测试主要包括以下几个方面的内容。

功能测试

（1）页面内容测试。

（2）页面链接测试。

（3）表单测试。

（4）Cookies 测试。

（5）设计语言测试。

网上店面是现在非常流行的 Web 网站，本章内容以一个网上小百货商店为例，为其设计测试用例。该网上商店具备以下基本功能。

（1）有多种商品类别供用户选择。

（2）用户选中商品后放入购物车。

（3）当确定购买商品时，应用程序自动生成结账单，用户进行网上支付、购买商品。

1. 页面内容测试

要进行有效的页面内容测试，需要先了解网页具备哪些内容和特性。通常，网页的内容由以下几项构成。

（1）不同大小、字体和颜色的文字。

（2）图形和图像。

（3）超级链接文字和图形、图像。

（4）动态变化的广告。

（5）下拉式选择框。

（6）用户输入数据或信息的方框。

（7）自定义的布局，允许用户更改信息在屏幕上的位置。

（8）自定义的内容，允许用户选择想看的新闻和信息。

（9）动态下拉式选择框。

（10）动态变化的文字。

（11）与不同浏览器、浏览器版本以及硬件和软件平台的兼容性。

页面内容测试主要用来检测 Web 应用系统提供信息的正确性、准确性和相关性。

（1）正确性。信息的正确性是指信息是否是真实可靠的。例如，一条虚假的新闻报道可能引起不良的社会影响，甚至会让公司陷入麻烦，也可能会有法律方面的问题。

（2）准确性。信息的准确性是指网页文字表述是否符合语法逻辑或者是否有拼写错误。在 Web 应用系统开发的过程中，开发人员可能不是特别注重文字表达，有时文字的改动只是为了页面布局的美观，但这种现象恰恰会导致内容的严重误解。因此，测试人员需要检查页面内容的文字表达是否恰当，这种测试通常使用一些文字处理软件来进行，如使用 Microsoft Word 的"拼音与语法检查"功能。但仅仅利用软件进行自动测试是不够的，还需要人工测试文本内容。

另外，测试人员应该保证 Web 站点看起来更专业。过多地使用粗斜体、大号字体和下划线可能会让人感到不舒服，一篇到处是大号字体的文章会降低用户的阅读兴趣。

（3）相关性。信息的相关性是指能否在当前页面可以找到与当前浏览信息相关的信息列表或入口，也就是一般 Web 站点中所谓的"相关文章列表"。测试人员需要确定是否列出了相关内容的站点链接，如果这些链接无效，用户可能会觉得很迷惑。

页面文本测试还应该包括文字标签，它为网页上的图片提供特征描述。图 6-1 给出一个文字标签的例子。当用户把光标移动到网页的某些图片上时，就会立即弹出关于图片的说明性文字。

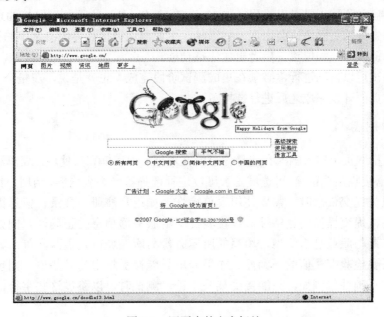

图 6-1　网页中的文字标签

大多数浏览器都支持文字标签的显示，借助文字标签，用户可以很容易地了解图片的语义信息。进行页面内容测试时，如果整个页面充满图片，却没有任何文字标签说明，那么会影响用户的浏览效果。

针对网上百货商店实例，页面内容测试用例如表 6-1 所示。

表 6-1　页面内容测试用例

测试用例号	操作描述	数据	期望结果	实际结果
6.1	搜索某种类别的商品	搜索类别=	搜索结果中列出该类别的所有商品	一致/不一致
6.2	让光标滑过每一个对象	受测对象=	当光标滑过每一个对象时，显示相应的文本信息	一致/不一致

2. 页面链接测试

链接是 Web 页的一个主要特征，其功能作用是在页面间进行切换和指导用户访问不知道地址的网页的主要手段。链接测试可分为 3 个方面。

（1）测试所有链接是否能按照指示的那样正确链接到应当链接的页面。

（2）测试所链接的页面是否存在。

（3）确保不存在孤立页面，即没有链接指向的页面。孤立页面是指没有链接指向该页面，只有知道正确的 URL 地址才能访问。这项测试需要将网页清单与实际网页进行简单的覆盖分析，确定测试的是全部页面，既没有遗漏也没有多余的网页。

超级链接对于网站用户而言意味着能不能流畅地使用整个网站提供的服务，因而链接将作为一个独立的项目进行测试。目前链接测试采用自动检测网站链接软件来进行，已经有许多自动测试工具可以采用。如 Xenu Link Sleuth，主要测试链接的正确性，但是对于动态生成的页面测试会出现一些错误。页面测试链接和界面测试中的链接不同，前者更注重链接方式和位置，后者更加注重功能。

链接测试可以自动进行，必须在集成测试阶段完成。也就是说，在整个 Web 应用系统的所有页面开发完成之后进行链接测试。

3. 表单测试

表单是指网页上用于输入和选择信息的文本框、列表框和其他域。表单测试检测域的大小、数据接收是否正确，可选域是否可以进行选择等一系列内容。当用户给 Web 应用系统管理员提交信息时，需要使用表单操作，如用户注册、登录、信息提交等。因此，必须测试提交操作的完整性，以校验提交给服务器信息的正确性。例如，用户填写的出生日期与职业是否恰当，填写的所属省份与所在城市是否匹配等。如果使用了默认值，还要检验默认值的正确性。如果表单只能接受指定的某些值，则也要进行测试，以确定正确性。例如，只能接受某些字符，测试时可以跳过这些字符，看系统是否会报错。

以网上百货商店为例，表单测试用例如表 6-2 所示。

表 6-2　表单测试用例

测试用例号	操作描述	数据	期望结果	实际结果
6.3	按 Tab 键从一个字段区跳到下一个字段区	开始字段区＝	字段按正确的顺序移动	一致/不一致
6.4	输入字段所能接受的最长的字符串	字段名＝ 字符串＝	字段区能够接受输入的字符	一致/不一致
6.5	输入超出字段所能接受的最大长度的字符串	字段名＝ 字符串＝	字段区拒绝接受输入的字符	一致/不一致
6.6	在某个可选字段区中不填写内容，提交表单	字段名＝	在用户正确填写其他字段区的前提下，Web 程序接受表单	一致/不一致
6.7	在一个必填字段区中不填写内容，提交表单	字段名＝	表单页面弹出信息，要求用户必须填写必填字段区的信息	一致/不一致

测试过程最困难的是无法确定用户输入的内容，用户可能随意输入任意字符。因此，测试过程中应特别注意以下几方面的测试。

（1）文本输入框对长度是否有限制。

（2）文本输入框对字符类型是否有限制。

（3）文本输入框模型匹配是否正确，如该文本框只能输入日期格式的数据，那么只能匹配不同的日期格式，而不能匹配其他格式的数据。

（4）各按钮实现的功能是否正确。

4．Cookies 测试

Cookies 通常用来存储用户信息和用户在某应用系统的操作，当一个用户使用 Cookies 访问某个应用系统时，Web 服务器将发送关于该用户的信息，把该信息以 Cookies 的形式存储在客户端计算机上，可用来创建动态和自定义页面或者存储登录信息等。如果 Web 应用系统使用了 Cookies，就必须检查 Cookies 是否能正常工作。

Cookies 测试包含以下几个方面。

（1）Cookies 的作用域是否正确合理。

（2）Cookies 的安全性。

（3）Cookies 的过期时间是否正确。

（4）Cookies 的变量名与值是否正确。

（5）Cookies 是否必要，是否缺少。

以网上百货商店为例，Cookies 测试用例如表 6-3 所示。

表 6-3　Cookies 测试用例

测试用例号	操作描述	数据	期望结果	实际结果
6.8	测试 Cookies 打开和关闭状态	Web 网页＝	Cookies 在打开时是否起作用	一致/不一致

5. 设计语言测试

Web 设计语言版本的差异可以引起客户端或服务器端严重的问题，如使用哪种版本的 HTML 等。当在分布式环境中开发时，开发人员都不在一起，这个问题就显得尤为重要。除了 HTML 的版本问题外，不同的脚本语言，如 Java、JavaScript、ActiveX、VBScript 或 Perl 等，也要进行验证。

在设计 Web 系统时，使用不同的脚本语言给系统带来的影响也不同，如 HTML 的不同版本对 Web 系统的影响就不同。关于设计语言的测试，应注意以下几个方面。

（1）与浏览器的兼容性。由于不同的浏览器内核引擎不同，不同的开发语言与浏览器的兼容情况不同，当前主流浏览器的引擎有 Trident、Tasman、Pesto、Gecko、KHTML、WebCore 和 WebKit。

（2）与平台的兼容性。不同脚本语言与操作系统平台的兼容性也有所不同，测试过程中必须考虑对不同操作系统平台的兼容，即脚本的可移植性。

（3）执行时间。由于不同脚本语言执行的方式不同，因此其执行的时间也不同。

（4）嵌入其他语言的能力。有一些操作脚本语言无法实现，如读取客户端的信息，此时需要使用其他语言来实现，即测试过程中应该考虑当前脚本语言对其他语言的支持程度。

（5）数据库支持的程度。考虑系统数据库可能升级的问题，测试时需要考虑脚本语言支持数据库的完善程度。

6.1.2 性能测试

性能测试

网站的性能测试对于网站的运行而言非常重要，目前多数测试人员都很重视对网站的性能测试。网站的性能测试主要从负载测试、压力测试和连接速度测试 3 个方面进行。

1. 负载测试

测试需要验证 Web 系统能否在同一时间响应大量的用户，在用户传送大量数据时能否响应，系统能否长时间运行。可访问性对用户来说是极其重要的，如果用户得到"系统忙"的信息，他们可能放弃访问，并转向访问竞争对手网站，这种情况下就需要进行负载测试。

负载测试是为了测量 Web 系统在某一负载级别上的性能，以保证 Web 系统在需求范围内能正常工作。负载级别可以是某个时刻同时访问 Web 系统的用户数量，也可以是在线数据处理的数量。负载测试包括的问题有以下几个。

（1）Web 应用系统能允许多少个用户同时在线。

（2）如果在线用户数超过了这个数量，会出现什么现象。

（3）Web 应用系统能否处理大量用户对同一个页面的请求。

负载测试的作用是在软件产品投向市场以前，通过执行可重复的负载测试，预先分析软件可以承受的并发用户的数量极限和性能极限，以便更好地优化软件。负载测试应该安排在 Web 系统发布以后，在实际的网络环境中进行测试。因为一个企业内部员工，特别是项目组人员总是有限的，而一个 Web 系统能同时处理的请求数量远远超出这个限度。因此，只有放在 Internet 上接受负载测试，其结果才是正确可信的。因此，Web 负载测试一般使用自动化工具来进行。

2. 压力测试

在很多情况下，可能会有黑客试图通过发送大量数据包来攻击服务器。为确保系统安全，保障用户能够正常访问网站，测试人员应该知道当系统过载时，需要采取哪些措施，而不是简单地提升系统性能，这就需要进行压力测试。

进行压力测试是指实际破坏一个 Web 应用系统，观察测试系统的反应。压力测试是测试系统的限制和故障恢复能力，也就是测试 Web 应用系统会不会崩溃，在什么情况下会崩溃。黑客常常提供错误的数据负载，通过发送大量数据包来攻击服务器，直到 Web 应用系统崩溃，接着当系统重新启动时获得存取权。无论是利用预先写好的工具，还是创建一个完全专用的压力系统，压力测试都是用于查找 Web 服务（或其他任何程序）问题的本质方法。压力测试的区域包括表单、登录和其他信息传输页面等。

3. 连接速度测试

连接速度测试是对打开网页的响应速度测试。

用户连接到 Web 应用系统的速度根据上网方式的变化而变化，或许是电话拨号或许是宽带上网。当下载一个程序时，用户可以等较长的时间，但如果仅仅访问一个页面就不会这样。如果 Web 系统响应时间太长（如超过 10s），用户就会因失去耐心而离开。

另外，有些页面有超时的限制，如果响应速度太慢，用户可能还没来得及浏览内容，就需要重新登录了。而且，连接速度太慢，还可能导致数据丢失，使用户得不到真实的页面。

以网上百货商店为例，连接速度测试用例如表 6-4 所示。

表 6-4 连接速度测试用例

测试用例号	操作描述	数据	期望结果	实际结果
6.9	（1）提交一个完整的购买表单 （2）记录接收到购买确认的响应时间 （3）重复上述操作 5 次	购买的商品＝	记录最小、最大和平均响应时间，同时满足系统的性能要求	一致/不一致
6.10	（1）查找一件商品 （2）记录查找的响应时间 （3）重复上述操作 5 次	查询＝	记录最小、最大和平均响应时间，同时满足系统的性能要求	一致/不一致

6.1.3 安全性测试

随着 Internet 的广泛使用，网上交费、电子银行等涉及人们生活的方方面面。所以网络安全问题显得日益重要，特别是对于有交互信息的网站及进行电子商务活动的网站尤其重要。站点涉及银行信用卡支付问题、用户资料信息保密问题等。Web 页面随时会传输这些重要信息，所以一定要确保安全性。一旦用户信息被黑客捕获，客户进行交易时就不再安全，甚至会造成严重后果。

1. 目录设置

Web 安全的第一步就是正确设置目录。目录安全是 Web 安全性测试中不可忽略的问题。如果 Web 程序或 Web 服务器的处理不当，通过简单的 URL 替换和推测，会将整个 Web 目录暴露给用户，这样会造成 Web 的安全隐患。每个目录下应该有 index.html 或 main.html 页面，或者严格设置 Web 服务器的目录访问权限，这样就不会显示该目录下的所有内容，从而提高安全性。

2. SSL

很多站点使用安全套接层（security socket layer，SSL）协议进行传送。SSL 协议是由 Netscape 首先发表的网络数据安全传输协议。SSL 利用公开密钥/私有密钥的加密技术，在 HTTP 层和 TCP 层之间建立用户和服务器之间的加密通信，从而确保所传送信息的安全性。

任何用户都可以获得公共密钥来加密数据，但解密数据必须通过对应的私有密钥。SSL 是工作在公共密钥和私有密钥基础上的。当浏览器出现了警告消息，而且在地址栏中的 HTTP 变成 HTTPS 时，用户会进入 SSL 站点。如果开发部门使用了 SSL，测试人员需要确定是否有相应的替代页面。当用户进入或离开安全站点时，要确认有相应的提示信息。做 SSL 测试时，需要确认是否有连接时间限制，超过限制时间后会出现什么情况等。

3. 登录

很多站点都需要用户先注册后登录使用，从而校验用户名和匹配的密码，以验证用户身份，阻止非法用户登录。这样对用户是方便的，他们不需要每次都输入个人资料。测试人员需要验证系统阻止非法的用户名/密码登录，且能够通过有效登录。登录测试的主要内容如下。

（1）用户名和输入密码是否大小写敏感。

（2）测试有效和无效的用户名和密码。

（3）测试用户登录是否有次数限制，是否限制从某些 IP 地址登录。

（4）假设允许登录失败的次数为 3 次，那么在用户第三次登录时输入正确的用户名和密码是否能通过验证。

（5）密码选择是否有规则限制。

（6）哪些网页和文件需要登录才能访问和下载。

（7）是否可以不登录而直接浏览某个页面。

要测试 Web 应用系统是否有超时的限制，即用户登录后在一定时间（如 15min）内没有单击任何页面，是否需要重新登录才能正常使用。

另外，许多站点在登录邮箱时也会有安全性提示。例如，单击 Yahoo 的信箱图标时弹出的对话框，提示用户网页链接安全，这样用户就会安心地登录邮箱。

4. 日志文件

为了保证 Web 应用系统的安全性，日志文件是至关重要的。需要测试相关信息是否写进了日志文件、是否可追踪。在后台，要注意验证服务器日志工作正常。主要的测试内容如下。

（1）日志是否记录所有的事务处理。

（2）CPU 的占有率是否很高。

（3）是否有例外的进程占用。

（4）是否记录失败的注册企图。

（5）是否记录被盗信用卡的使用。

（6）是否在每次事务完成时都加以保存。

（7）是否记录 IP 地址。

（8）是否记录用户名等。

5. 脚本语言

脚本语言是常见的安全隐患，每种语言的细节都有所不同。例如，有些脚本允许访问根目录，而其他脚本只允许访问邮件服务器。但是有经验的黑客可以利用这些缺陷，将服务器用户名和密码发送给他们自己，从而攻击和使用服务器系统。测试人员需要找出站点使用了哪些脚本语言，并研究该脚本语言的缺陷。

服务器端的脚本常常隐含安全漏洞，这些漏洞又常常被黑客利用。所以，还需要检验没有经过授权，就不能在服务器端放置和编辑脚本的问题。解决这个问题最好的办法是订阅一个讨论站点使用的脚本语言安全性的新闻组。

6.1.4　其他测试

1. 导航测试

导航测试的主要目的是检测一个 Web 应用系统是否易于导航，具体内容包括以下几项。

（1）导航是否直观。

（2）Web 系统的主要部分是否可通过主页存取。

（3）Web 系统是否需要站点地图、搜索引擎或其他导航的帮助。

在一个页面上放太多的信息往往会起到与预期相反的效果。Web 应用系统的用户趋向于目的驱动，很快地扫描一个 Web 应用系统，看是否有满足自己需要的信息，如果没有就会很快离开。很少有用户愿意花时间去熟悉 Web 应用系统的结构。因此，Web 应用系统导航帮助要尽可能准确。

导航测试的另一个重要方面是 Web 应用系统的页面结构、导航、菜单、链接的风格是否一致。确保用户凭直觉就知道 Web 应用系统里面是否还有内容，内容在什么地方。Web 应用系统的层次一旦决定，就要着手测试用户导航功能，应该让最终用户参与这种测试，提高测试质量。

以网上百货商店为例，测试实例如表 6-5 所示。

表 6-5　测试用例

测试用例号	操作描述	数据	期望结果	实际结果
6.11	（1）执行一个搜索，至少搜索到 10 个相关商品信息 （2）以一件商品为单位向下滚动	查询＝	搜索结果有 10 个或 10 个以上的相关商品信息； 在没有到达搜索列表页面底部时，前面的商品列表滚动出屏幕，后面的商品不断从屏幕下方出现	一致/不一致
6.12	（1）执行一个搜索，至少搜索到 5 个页面的输出 （2）以页面为单位向下滚动	查询＝	搜索结果有 5 个或 5 个以上的相关页面； 在没有到达搜索列表的底部时，当前的屏幕内容向上滚动一屏，下一屏出现	一致/不一致

2．Web 图形测试

在 Web 应用系统中，适当的图片和动画既能起到广告宣传的作用，又具有美化页面的功能。一个 Web 应用系统的图形可以包括图片、动画、边框、颜色、字体、背景、按钮等。Web 图形测试的内容如下。

（1）要确保图形有明确的用途，图片或动画不要胡乱地堆在一起，以免浪费传输时间。Web 应用系统的图片尺寸要尽量小，并且要能清楚地说明某件事情，一般链接到某个具体的页面。

（2）验证所有页面字体的风格是否一致。

（3）背景颜色应该与字体颜色和前景颜色相搭配。通常，使用少许或尽量不使用背景是个不错的选择。如果想用背景，那么最好使用单色的，和导航条一起放在页面的左边。另外，图案和图片可能会转移用户的注意力。

（4）图片的大小和质量也是一个很重要的因素，一般采用 JPG 或 GIF 压缩，最好能使图片的大小减小到 30KB 以下。

（5）验证文字回绕是否正确。如果说明文字指向右边的图片，应该确保该图片出现在右边。不要因为使用图片而使窗口和段落排列奇怪或者出现孤行。

（6）图片能否正常加载，用来检测网页的输入性能好坏。如果网页中有太多图片或动画插件，就会导致传输和显示的数据量巨大、降低网页的打开速度，有时会影响图片的加载。

网页无法载入图片时，就会在其显示位置显示错误提示信息，如图 6-2 所示。

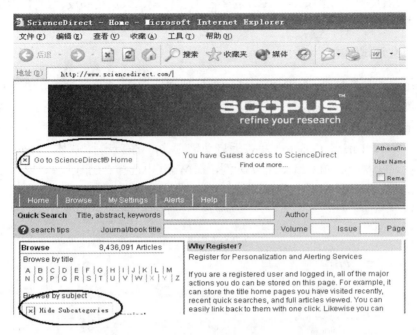

图 6-2 网页无法载入图片时的错误提示信息

以网上百货商店为例，Web 图形测试用例如表 6-6 所示。

表 6-6 Web 图形测试用例

测试用例号	操作描述	数据	期望结果	实际结果
6.13	查看图形/图像	页面＝ 浏览器＝	在选择的浏览器中，图形/图像显示正确	一致/不一致

6.2 软件自动化测试基础

随着计算机日益广泛的应用，用户希望软件产品能满足其业务的所有需求。因此，许多应用软件特别是行业应用软件需要定制，并且客户希望在短期内就能满足其业务需要，这导致许多软件开发企业要在尽可能短的时间内充分地测试软件，提高开发效率和软件质量。据统计，测试工作占用了整个软件工程 35%～40%的开发时间，一些对可靠性要求很高的软件，其测试时间甚至占到开发时间的 50%～60%。有些测试工作具有重复性、非智力性和非创造性、准确细致的特点。在这样的需求下，自动化测试技术开始发展并逐步投入使用。

软件测试自动化希望经过自动化测试工具或其他手段，按照测试管理者的预订计划自动进行测试，减少手工测试的工作量，达到提高软件质量的目的。在大多数情况下，软件测试自动化可以减少开支，增加有限时间内可执行的测试次数，并在执行相同数量测试时节约测试时间。要实现高效率的自动化测试，必须有好的自动化测试软件（或测试工具）。一般情况下，测试软件由经验丰富的软件测试人员精心设计，并应用自动化理论与技术开发而成。

6.2.1 自动化测试脚本

自动化测试并不神秘，像 DOS 系统的批处理文件（.bat 文件）就是最初所见的自动化处理的过程。现在批处理文件仍然被应用，如 MySQL、测试工具 Jmeter 等在 Windows 上启动，依旧使用批处理文件。

再如，Word 中的宏（macro）更接近自动化测试，它有录制、脚本（script）编辑和回放等功能。以 Microsoft Office 2007 为例，在 Word 中选择"视图"→"宏"→"录制宏"菜单命令，出现图 6-3 所示对话框。

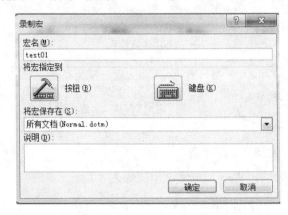

图 6-3　"录制宏"对话框

输入宏的名称，并将宏赋给键盘，然后开始录制，插入表 6-7 所示的表格。

表 6-7　录制宏过程表格

姓名	学号	班级	专业	生日

完成录制后就可以使用已录制好的宏（test01），画 10 个同样的表格，只要单击"运行"按钮 10 次，几秒钟即可完成，效率很高。若选择"宏"中的"编辑"菜单命令，就可以看到所录制的脚本。脚本代码如图 6-4 所示。

测试脚本（test script）是测试工具执行的一组指令集合，使计算机能自动完成测试用例的执行，也是计算机程序的一种形式。脚本可以通过录制测试的操作产生，也可以直接用脚本语言编写。现在的数据库、应用服务器和 Web 服务器的种类很多，客户端也不尽相同，所以模拟不同的客户端的工作量很大。目前的自动化负载测试解决方案几乎都是采用"录制-回放"技术。"录制-回放"技术就是先由手工完成一遍需要测试的流程，同时由计算机记录下这个流程期间客户端和服务器端之间的通信信息，这些信息通常都是一些协议和数据，并形成特定的脚本程序。然后在系统的统一管理下同时生成多个虚拟用户，并运行该脚本，监控硬件和软件平台的性能，提供分析报告或相关资料。通过数台机器模拟出成百上千的机器（用户）来对应用软件系统进行负载能力的测试。自动化测试过程最主要的依据之一就是脚本。

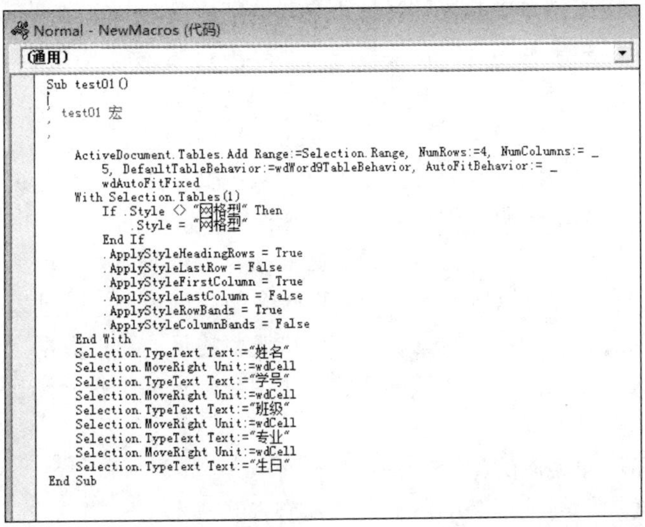

图 6-4　脚本代码

1. 结构化脚本

结构化脚本类似于结构化程序设计，含有控制脚本执行的指令，侧重于描述脚本中控制流程的结构化特性。这些指令或为控制结构，或为调用结构。控制结构中包括"顺序""循环""分支"，和结构化程序设计中的概念相同。调用结构是在一个脚本中调用另外的脚本，当子脚本执行完成后再继续运行父脚本。结构化脚本的优点是健壮性好，也可以通过循环和调用减少工作量；缺点是脚本更复杂，而且测试数据仍然"捆绑"在脚本中。

2. 共享脚本

共享脚本是指脚本可以被多个测试用例使用，一个脚本可以被另一个脚本调用。这样可以节省生成脚本的时间。当重复任务发生变化时，只需修改一个脚本。建立共享脚本的时间可能更长，因为需要建立更多的脚本，并且每个脚本需要进行适当的修改，从而达到脚本共享的目的。共享脚本可以在不同主机、不同系统之间共享脚本，也可以在同一主机、同一系统之间共享脚本。

共享脚本有以下优点。

（1）以较少的开销实现类似的测试。

（2）维护开销低于线性脚本。

（3）删除明显的重复。

（4）可以在脚本中增加更智能的功能。

共享脚本有以下缺点。

（1）需要跟踪更多的脚本，给配置管理带来一定的困难。

（2）对于每个测试，仍然需要特定的测试脚本，因此维护费用比较高。

（3）共享脚本通常是针对被测软件的某部分，部分脚本不能直接运行。

共享脚本侧重描述脚本中共享的特性，要获得高质量的共享脚本，需要接受一定的编写脚本训练。通过共享脚本技术，还可建立脚本库，达到最大限度的共享。

3. 数据驱动脚本

数据驱动脚本技术将测试输入存储在独立的数据文件中，而不是绑定在脚本中。执行时是从数据文件而不是从脚本中读入数据。这种方法最大的好处是可以用同一个脚本进行不同的测试。若对数据进行修改，也不必修改执行的脚本。

使用数据驱动脚本，可以较小的开销实现较多的测试用例，通过为一个测试脚本指定不同的测试数据文件达到简化数据、减少出错概率的目的。将数据文件单独列出，选择合适的数据格式和形式，可将测试的注意力集中到数据的维护和测试上。

数据驱动脚本有以下优点。

（1）可以快速增加类似的测试。

（2）测试者增加新测试不必掌握工具脚本语言的技术。

（3）对第二个及以后类似的测试无额外的维护开销。

数据驱动脚本有以下缺点。

（1）初始建立时的开销较大。

（2）需要专业（编程）支持。

（3）必须易于管理。

4. 关键字驱动脚本

关键字驱动实际上是数据驱动技术的逻辑扩展，通过将数据文件变成测试用例的描述，用一系列关键字指定要执行的任务。在关键字驱动技术中，假设测试者具有某些被测系统的知识，则不必告诉测试者如何进行详细的动作，只是说明测试用例做什么，而不是如何做。

在脚本中使用的是说明性方法和描述性方法。描述性方法将被测软件的知识建立在测试自动化环境中，这种知识包含在支持脚本中。例如，为完成在网页浏览时输入网址，一般的脚本需要说明在某窗口的某控件中输入什么字符；而在关键字驱动脚本中，可以直接在地址栏中输入网址，甚至更简单，仅说明输入的网址是什么。关键字驱动脚本的数量不随测试用例的数量不同而变化，而是仅随软件规模的扩大而增加。这种脚本还可以实现跨平台的用例共享，只需更改支持脚本即可。

5. 线性脚本

线性脚本是录制手工执行的测试用例得到的脚本。这种脚本包含所有用户的键盘和鼠标输入。如果仅使用线性脚本技术，每个测试用例可以通过脚本完整地被回放。手工运行 10min 的测试用例，可能需要 20min～2h 才能完成测试自动化的工作。因为录制的脚本需要维护，尤其是增加部分内容后的维护和测试需要花费很多时间，因此自动化以后的测试执行的时间会大于 10min。

线性脚本适用于以下情况。

（1）演示或培训。

（2）执行量较少，且环境变化小的测试。

（3）数据转换，如将数据从 Notes 数据库中转换到 Excel 表格中。

线性脚本有以下优点。

（1）不需要深入的工作或计划。

（2）可以加快开始自动化。

（3）对实际执行操作可以审计跟踪。

（4）测试用户不必是编程人员。

（5）提供良好的软件或工具的演示。

线性脚本有以下缺点。

（1）过程烦琐。

（2）一切依赖于每次捕获的内容。

（3）测试输入和比较是"捆绑"在脚本中的。

（4）无共享或重用脚本。

（5）线性脚本容易受软件变化的影响。

（6）线性脚本修改代价大，维护成本高。

（7）非常容易受意外事件的影响，导致整个测试失败。

6. 脚本预处理

预处理是一种或多种预编译功能，包括美化器、静态分析和一般替换。脚本的预处理是指脚本在被工具执行前必须进行编译。预处理功能通常需要工具支持，在脚本执行前自动处理。美化器是一种对脚本格式进行检查的工具，必要时将脚本转换成符合编程规范要求的格式，让脚本编写者更专注于技术性的工作。

静态分析对脚本或表格执行更重要的检查功能，检查脚本中出现的和可能出现的缺陷。测试工具通常可以发现一些如拼写错误或不完整指令等脚本缺陷，这些功能非常有效。静态分析可以检查所有的缺陷和不当之处。类似于程序设计中的 PC-Lint 和 LogiScope 的功能。一般替换就是宏替换，可以让脚本更明确、更易于维护。使用替换时应注意不要执行不必要的替换。在进行调试时，应注意缺陷可能会存在于被替换的部分中，而不是原来的脚本中。

6.2.2　自动化测试的定义和优点

1. 自动化测试的定义

自动化测试是指使用一种自动化测试工具来验证各种软件测试的需求，包括测试活动的管理与实施。测试活动自动化在许多情况下可提供其最大价值，如测试脚本的开发，测试脚本被重复执行或测试脚本子程序被生成，再被更多的测试脚本反复调用等。因此，自动化测试具有很高的效率。

从另一个角度考察，现代软件系统给用户提供了前所未有的功能和灵活性的同时，也给软件测试带来了相当大的难度。对整个系统进行的测试，需要从用户的角度来测试整个系统的可用性和可靠性。例如，现在系统应用软件大多是在网络上运行，并且多采用 C/S 结构，或更为复杂的 B/S 结构。所以，对任何这种结构的软件（系统软件或应用软件）都要模拟用户并发方式访问此系统，以测试系统的响应时间、负载能力和系统的可靠性。

2. 自动化测试的优点

自动化测试可以使某些测试任务提高执行效率。此外，自动化测试还有以下优点。

（1）对程序的回归测试更方便。这是自动化测试最主要的任务之一，特别是在程序修改比较频繁时效果非常明显。由于回归测试的动作和用例是完全设计好的，测试期望的结果也是完全可以预料的，将回归测试自动运行，可以极大地提高测试效率，缩短回归测试时间。

（2）可以运行更多、更烦琐的测试。自动化测试的一个明显好处是可以在较短的时间内运行更多的测试。

（3）可执行一些手工测试困难或不可能进行的测试。比如，对于大量用户的测试，不可能同时让足够多的测试人员同时进行测试，但却可以通过自动化测试模拟同时有许多用户，从而达到测试的目的。

（4）更好地利用资源。将烦琐的任务赋予自动化方式，可以提高准确性和测试人员的积极性，将测试人员解脱出来以投入更多精力设计更好的测试用例。有些测试不适于自动测试，仅适合于手工测试，将可自动测试的测试自动化后，可让测试人员专注于手工测试部分，提高手工测试的效率。

（5）测试具有一致性和可重复性。由于测试是自动执行的，每次测试的结果和执行的内容其一致性是可以得到保障的，从而达到测试的可重复的效果。

（6）测试的复用性。由于自动测试通常采用脚本技术，这样就有可能只需要做少量修改甚至不做修改而实现在不同的测试过程中使用相同的用例。

（7）可以让产品更快面向市场。自动化测试可以缩短测试时间，加快产品开发周期。

（8）增加软件信任度。因为测试是自动执行的，所以不存在执行过程中的疏忽和错误，完全取决于测试的设计质量。软件通过了强有力的自动测试后，软件的信任度自然会增加。

总之，通过较少的开销获得更彻底的测试，提高软件质量，这是测试自动化的最终目的。

软件测试自动化通常借助测试工具进行。测试工具可以进行部分的测试设计、实现、执行和比较的工作。通过运用测试工具，可以达到提高测试效率的目的，所以测试工具的选择和推广使用应该给予重视。部分的测试工具可以实现测试用例的自动生成，但通常的工作方式为人工设计测试用例，使用工具进行用例的执行和比较。如果采用自动比较技术，还可以自动完成测试用例执行结果的判断，从而避免人工比对存在的疏漏问题。设计良好的自动化测试，在某些情况下可以实现"夜间测试"和"无人测试"。

6.2.3 自动化测试工具

1. 常用自动化测试工具简介

自动化测试工具可以减少测试工作量，提高测试工作效率，但首先要选择一个合适的且满足企业实际应用需求的自动化测试工具，因为不同的测试工具，其面向的测试对象是不同的，测试的重点也有所不同。按照测试工具的主要用途和应用领域，可以将自动化测试工具分为以下几类。

1）功能测试类

（1）WinRunner/QuickTest Pro。WinRunner 是 MI 公司开发的企业级的功能测试工具，用于检测应用程序是否能够达到预期的功能及实现正常运行，自动执行重复任务并优化测试工作，从而缩短测试时间。其早期版本与 Rational Robot 类似，侧重于 Client/Server 应用程序测试，后期版本（如 8.0 版本）增强了对 Web 应用的支持。QuickTest Pro 则很好地弥补了 WinRunner 对 Web 应用支持的不足，可以极大地提高 Web 应用功能测试和回归测试的效率，通过自动录制、检测和回放用户的应用操作，提高测试效率。

（2）QARun。QARun 是一款自动回归测试工具，与 WinRunner 相比其学习成本要低很多。不过要安装 QARun 必须安装.net 环境，另外它还提供与 TestTrack Pro 的集成。

（3）Rational Robot/Functional Tester。Rational Robot 主要侧重于 Client/Server 应用程序，对 Visual Studio 编写的程序支持得非常好，同时还支持 Java Applet、HTML、Oracle Forms、People Tools 应用程序。Functional Tester 是 Rational 公司为了更好地支持 Web 应用程序而开发的自动化功能测试工具。Functional Tester 是 Robot 的 Java 实现版本，在 Rational 被 IBM 收购后发布的。在 Java 的浪潮下，Robot 被移植到 Eclipse 平台，并完全支持 Java 和.net。可以使用 VB.net 和 Java 进行脚本的编写。由于支持 Java，因此对测试脚本进行测试也变成了可能。更多的信息可到 IBM Developerworks 上查看，另外还提供试用版本下载。

2）性能/负载/压力测试类

（1）LoadRunner。LoadRunner 支持多种常用协议且个别协议支持的版本比较高；可以设置灵活的负载压力测试方案，可视化的图形界面可以监控丰富的资源；报告可以导出为 Word、Excel 及 HTML 格式。

（2）WebLoad。WebLoad 是 RadView 公司推出的一个性能测试和分析工具，它让 Web 应用程序开发者自动执行压力测试，WebLoad 通过模拟真实用户的操作，生成压力负载来测试 Web 的性能。用户创建的是基于 JavaScript 的测试脚本，称为议程 Agenda，用它来模拟用户的行为，通过执行该脚本来衡量 Web 应用程序在真实环境下的性能。

（3）E-Test Suite。E-Test Suite 由 Empirix 公司开发，是一个能够和被测试应用软件无缝结合的 Web 应用测试工具。工具包含 e-Tester、e-Load 和 e-Monitor，这 3 种工具分别对应功能测试、压力测试及应用监控,每一部分功能相互独立,测试过程又可彼此协同。

（4）QALoad。QALoad 有很多优秀的特性,如测试接口多、可预测系统性能、通过重复测试寻找瓶颈问题、可验证应用的扩展性、性价比较高等。此外,QALoad 不单单测试 Web 应用,还可以测试一些后台的东西,如 SQL Server 等。只要它支持的协议都可以测试。

（5）Benchmark Factory。Benchmark Factory 可以测试服务器群集的性能,还可以实施基准测试并生成高级脚本。

3）测试管理工具

（1）TestDirector MI 的测试管理工具。可以与 WinRunner、LoadRunner、QuickTest Pro 进行集成。除了可以跟踪 Bug 外,还可以编写测试用例、管理测试进度等,是测试管理的首选软件。

（2）TestManager Rational Testsuite。可以用来编写测试用例、生成 Datapool、生成报表、管理缺陷及日志等。TestManager Rational Testsuite 是一个企业级的强大测试管理工具。缺点是必须和其他组件一起使用,测试成本比较高。

（3）TestTrack/Bugzilla。TestTrack 为 Seapine 公司的产品,是国内应用比较多的一个产品缺陷的记录及跟踪工具,它能够建立一个完善的 Bug 跟踪体系,包括报告、查询并产生报表、处理解决等几个部分。它的主要特点为:基于 Web 方式,安装简单;有利于缺陷的清楚传达;系统灵活,可配置性很强;自动发送 E-mail。Bugzilla 为开源缺陷记录和跟踪工具,最大的好处是免费。

（4）Jira。这是一个 Bug 管理工具,自带 Tomcat 4;同时有简单的工作流编辑,可用来定制流程;数据存储在 HSQL 数据引擎中,因此只要安装了 JDK 工具就可以使用。与 Bugzilla 相比,Jira 有不少自身的特点,不过可惜它并不是开源工具,有 Lisence 限制。

这里总结了当前国际上流行的几个软件测试工具生产厂商及一些主要 IDE 产品,读者可结合网络查询了解当前更多工具的详细资料。

2. 自动化测试工具的作用

自动化软件测试可以帮助开发人员和用户了解以下重要信息。

（1）确定系统最优的硬件配置。大量的硬件如何进行配置才能提供最好的性能。

（2）检查系统的可靠性。整个系统在怎样的负载（压力）下能可靠运行,运行的时间有多久,系统的性能会如何变化。

（3）检查系统硬件和软件的升级情况。软件和硬件对系统性能的影响有多大。

（4）评估新产品。新的软件产品应当采用哪些新的硬件和软件才能支持运行。

3. 自动化测试工具的优势

自动化测试支持的一个关键元素是用于所有测试交付物和工作软件（产品）的项目数据库。这个关键元素可以是测试管理系统,包括用于对测试过程进行保存、描述、文档化和跟踪,并且对测试目标和结果进行记录、跟踪、评审的辅助设施。好的自动化测试工具可以使这些信息容易被项目开发组织获取,并且提供稳定的工作流支持进行简化和跟踪软件开发过程。自动化测试的一些重要工具还包括以下内容。

（1）用于支持不同测试环境的测试床（平台）和模拟器。

（2）提供软件（程序）变更前后分析和工作软件（产品）风险及复杂度评价的静态分析器和比较器。

（3）用于测试执行和回归的测试驱动及捕获/回放工具。

（4）度量和报告测试结果及覆盖率的动态分析工具等。

自动化测试工具的优势主要体现在以下几个方面。

（1）记录业务流程并生成脚本程序的能力。

（2）对各种网络设备（客户机或服务器、其他网络设备）的模仿能力。

（3）用有限的资源生成高质量虚拟用户的能力。

（4）对整个软件和硬件系统中各个部分的监控能力。

（5）对测试结果的表现和分析能力。

6.2.4　软件自动化测试生存周期方法学

软件自动化测试生存周期方法学代表了实施自动化测试的结构化方法。软件自动化测试生存周期方法学反映了现代快速应用程序开发工作的优势，在这种情况下，促使用户在开发的早期就参与一个采用增量方式构建的软件版本的分析、设计和开发工作。

1. 采用自动化测试方法的确认

决定采用自动化测试是自动化测试生存周期方法学的第一阶段。其主要内容是帮助自动化测试组织管理自动化测试活动，并总结自动化测试对软件开发的潜在好处。

2. 自动化测试工具的获取

自动化测试工具的获取是测试工具的自动化测试生存周期方法学的第二个阶段。应选择可用来支持整个生存周期各方面不同类型的自动化测试工具，这些自动化测试工具能够对在特定项目上开展的测试类型做出正确的判断。

3. 自动化测试的引入阶段

自动化测试引入是自动化测试生存周期方法学的第三个阶段，包括测试过程分析和测试工具的考查。测试过程分析包含定义测试目标、目的和策略；测试工具的考查包含测试的需求、测试环境、人力资源、用户环境、运行平台以及被测的应用产品特性。

4. 测试计划与测试设计

自动化测试生存周期方法学主要包含以下几个阶段。

1）测试计划

（1）确定测试程序生成标准与准则，支持测试环境所需的硬件、软件和网络。

（2）测试数据需求，初步安排测试进度，控制测试配置和环境的过程以及缺陷跟踪过程与跟踪工具。

（3）结构化测试方法及初步阶段的结果描述。

2）建立测试环境是测试计划的一部分

建立测试环境包括安装测试环境硬件、软件和网络资源，集成和安装测试环境资源，获取和细化数据库并制订环境建立脚本和测试脚本。

3）测试设计

测试设计部分论述需要实施的测试数目、测试方法、必须执行的测试条件，以及需要建立并遵循的测试设计标准。

4）设计开发

网络是自动化测试可重用和可维护的环境条件，必须确定和遵循测试开发的标准。

5. 测试执行与管理

测试小组必须根据测试程序执行进度来执行测试脚本，并推敲分析集成的测试脚本。测试组对执行的结果必须进行评估活动，以免出现错误的肯定和错误的否定。

6. 测试活动评审与评估

测试活动评审与评估应在整个测试生存周期内进行，以确保连续的改进活动。在整个测试生存周期和后续测试执行活动中，必须评估各种度量，并进行最终评审和评估，以确保过程改进。

6.3 LoadRunner 操作指南

企业的网络应用环境都必须支持大量用户，网络体系架构中含各类应用环境且由不同供应商提供软件和硬件产品。难以预知的用户负载和越来越复杂的应用环境使公司时时担心会产生用户响应速度过慢、系统崩溃等问题。这些都不可避免地会导致公司收益的损失。Mercury Interactive 的 LoadRunner 能让企业保护自己的收入来源，无须购置额外硬件而最大限度地利用现有的 IT 资源，并确保终端用户在应用系统的各个环节中对其测试应用的质量、可靠性和可扩展性都有良好的评价。

LoadRunner 是一种预测系统行为和性能的负载测试工具。通过以模拟上千万用户实施并发负载及实时性能监测的方式来确认和查找问题，LoadRunner 的测试对象是整个企业的系统，通过模拟实际用户的操作行为和实行实时性能监测，帮助企业客户更快地查找和发现问题。LoadRunner 能够对整个企业架构进行测试，支持广泛的协议和技术。

6.3.1 LoadRunner 的测试流程

LoadRunner 的基本流程是先将用户的实际操作录制成脚本，然后产生数千个虚拟用户运行脚本（虚拟用户可以分布在局域网中不同的 PC 上），最后生成相关的报告及分析图。企业使用 LoadRunner 能最大限度地缩短测试时间，优化性能和缩短应用系统的发布周期。LoadRunner 可用于各种体系架构的自动负载测试，能预测系统行为并评估系统性能。

LoadRunner 包含很多组件，其中常用的有 Visual User Generator（以下简称 VuGen）、

Controller、Analysis。使用 LoadRunner 进行测试的过程一般分为制订性能测试计划、创建并运行负载测试、分析以及监视场景等步骤。本文主要介绍前两部分内容。

1. 制订性能测试计划

制订性能测试计划一般情况下需要两个步骤，即分析应用程序、确定测试目标。

步骤一：分析应用程序。

分析应用程序要求对系统的软硬件以及配置情况非常熟悉，这样才能保证使用 LoadRunner 创建的测试环境真实地反映实际运行的环境。

分析时主要考虑下面几个问题。

（1）确定系统的组成。描述测试所需硬件支持和软件环境，这样才能有的放矢地制订测试计划。

（2）预计连接到应用系统的用户数量。

（3）客户机的配置情况（硬件、内存、操作系统、软件工具等）。

（4）服务器使用的数据库类型以及服务器的配置情况。

（5）客户机和服务器之间的通信机制。

（6）影响时间指标的设备。

（7）通信装置（网卡、路由器等）的吞吐量以及每个通信装置能够处理的并发用户数。

（8）确定哪些功能需要优先测试。

（9）使用该系统的角色以及每个角色的人数、每个角色的地理分布情况，从而预测负载最高峰出现的情况。

步骤二：确定测试目标。

确定系统测试目的和具体测试影响性能的参数。例如，对于负载测试，首先要考虑数据量和用户量。对于强度测试，需要确定极限用户的并发量峰值、数据量峰值等因素。

（1）针对性能评测、负载测试、强度测试分别进行性能测试设计。

（2）对于性能评测，要列出性能需求，验证是否满足性能需求。

（3）对于负载测试，首先要考虑数据量和用户量的负载，针对不同数据量执行的操作，确定各个测试项的不同数据量大小，最大数据量负载应超过预期的最大数据负载量。

（4）对于强度测试，需考虑以下各种问题。

① 超过预期的最大工作量后系统运行是否正常。

② 确定极限用户并发量峰值、数据量峰值。

③ 系统资源不足的情况下，测试系统是否正常运行。

④ 确定系统与哪些系统资源有关。

2. 创建并运行负载测试

下载安装 HP LoadRunner（本书安装的软件版本为 HP LoadRunner 11.00），选择"开始"→"所有程序" →HP LoadRunner→LoadRunner 命令，如图 6-5 所示。

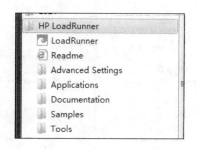

图 6-5　运行 LoadRunner

　　使用 VuGen 生成虚拟用户，以虚拟用户的方式模拟真实用户的业务操作行为。它先记录业务流程，将其转化为测试脚本。利用虚拟用户，可以在 Windows 或者 UNIX 系统上同时产生成千上万个用户访问。所以，LoadRunner 能极大地减少负载测试所需的硬件和人力资源。

　　用 VuGen 建立测试脚本后，可以对其进行参数化操作，这一操作可以利用几套不同的实际发生数据来测试应用程序，从而反映出本系统的负载能力。例如，在一个订单的输入过程中，参数化操作可将记录中的固定数据，如员工编号和员工姓名，由可变值来代替。在这些变量内随意输入可能的订单号和客户名，来匹配多个实际用户的操作行为。

　　首先要建立一个空脚本来记录事件，按照以下步骤执行。

　　（1）打开 LoadRunner，单击 Load Testing 菜单，弹出图 6-6 所示界面。

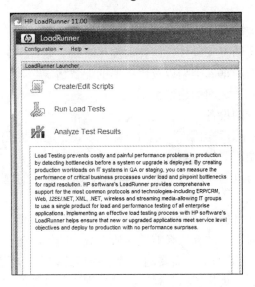

图 6-6　Load Testing 功能界面

　　（2）选择 Create→Edit Script 命令，进入 VuGen 主界面，如图 6-7 所示。选择 File→New 命令，进入创建脚本的功能界面，如图 6-8 所示。

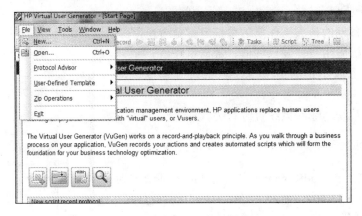

图 6-7　VuGen 主界面

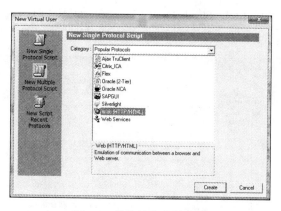

图 6-8　单协议脚本的选择

（3）New Single Protocol Script 协议是一个客户端用户进行通信的语言。此处，在 Category 下拉列表框的 Popular Protocols 列表选择 Web(HTTP/HTML)类型来建立单协议通信。

（4）单击 Create 按钮，新建一个 Web 脚本，弹出 Start Recording 对话框，如图 6-9 所示。此处，选择 Firefox 作为打开网页的浏览器（Firefox 应提前完成下载安装），URL Address 以打开 126 邮箱为测试目标（此处 URL Address 可自定），若有防火墙安全提示，应选择允许对应操作。

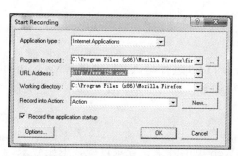

图 6-9　Start Recording 对话框

（5）单击 OK 按钮后，计算机自动完成用 Firefox 打开 126 邮箱的过程，并出现一个浮动的 Recording 工具条，显示记录的事件数，如图 6-10 所示。到目前为止，已经记录了 396 个事件。

图 6-10　Recording 工具条

（6）在浮动工具条上单击"停止"按钮，此时，在测试树中已经记录了当前的脚本内容，如图 6-11 所示。

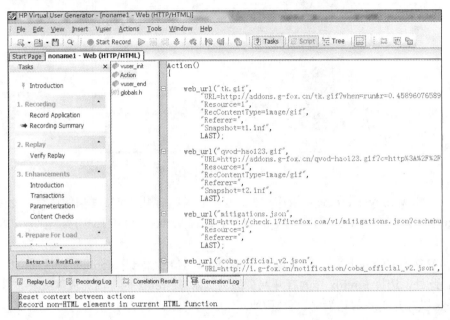

图 6-11　测试树中的脚本

6.3.2　测试实例

这里使用 LoadRunner 11.00 进行测试，以测试 www.hotmail.com 的信箱登录为例，介绍如何创建（或录制）脚本、编辑脚本、优化脚本和查看脚本。

1. 分析测试需求

测试的任务是进入 Web 页的登录、登录过程、退出登录。
假设系统性能要求如下。
（1）不超过 100 个并发用户。
（2）页面响应时间不超过 5s。
（3）CPU 利用率小于 80%（硬件的使用率不要太高）。
（4）内存使用率小于 75%。
这里需注意一个问题：100 个并发用户并不等于 100 个人在登录。因为一个时刻登录的一个用户只是一个代表，不是一个用户，某个时刻登录的用户可能有很多，在一段时间内一个用户可以做很多事情。例如，电信的用户测试，并发数 350 万，就用 350 个并发用户做 1∶10000 的测试即可。

另外，确定并发用户数跟系统性能有关。如果系统性能较好，需要的并发用户数可以少些。一般取实际在线用户数的 5%～10%。所以，测试 100 个并发用户实际上可以达到 1000 个以上的人同时使用。因此，并发用户数的概念可理解为在某一个时刻同时使用系统进行某种业务操作的用户数。

在这里要提醒读者注意：LoadRunner 是性能测试工具，不要用它去做功能测试。因此，要求测试人员对系统的功能非常熟悉。

2．录制和编辑脚本

步骤一：打开 LoadRunner 的 Virtual User Genterator（虚拟用户产生器），进入 Create/Edit，输入录制的 Web 地址 www.163.com。从图 6-12 中可以看到，进入页面已经有 170 个事件产生了，这些事件可以放到初始化 vuser_init 脚本中。

图 6-12　Recording 工具条

步骤二：登录过程。

首先，单击页面中的"登录"按钮，现在要把单击登录这个过程放入 Action。可以把录制条中的 vuser_init 改为 Action。

其次，进入 Web 页面，输入用户名和密码。

最后，把提交过程再放入一个 Action，于是选择 Create New Action 命令，如图 6-13 所示，再创建一个 Action，输入 submit_login。然后在 Web 网页中单击"登录"按钮，网页进入 163 的邮箱页面。

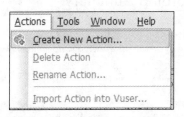

图 6-13　选择 Create New Action 命令

现在事件个数增加到 459，如图 6-14 所示。

图 6-14　Recording 工具条

步骤三：录制退出登录过程。

首先，把退出登录放到一个事件 Action 中，单击 Create New Action 按钮，输入 Logout。

其次，在网页中单击"退出"按钮。

现在，已经录制了 3 个过程，即登录、提交和退出登录过程。

步骤四：停止录制。

单击"停止"按钮停止录制，这时立即生成以下几个脚本，即 Action、vuser_init、

submit_login、logout，如图 6-15 所示。

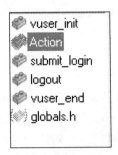

图 6-15　生成的脚本

其中，Action 是进入到登录页面的，顺便可以把脚本名字改为 into_login，然后保存脚本。

3. 回放脚本

下面的任务是回放脚本，并检查录制的脚本是否存在问题。

单击 Compile 命令（或按 Shift+F5 组合键）进行编译，如果编译没有错误，再单击 Run 命令（或按 F5 键），得到结果概要表（Results Summary），如图 6-16 所示。

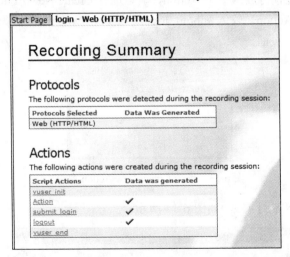

图 6-16　结果概要表

小　　结

软件测试自动化是一项用计算机代替测试人员进行软件测试的技术。它可以让测试人员从烦琐和重复的测试活动中解脱出来，专心从事有意义的测试设计等活动。软件测试自动化的工作量非常大，并且也并不是在任何情况下都适用，同时软件测试自动化的设计并不比程序设计简单。在整个测试工作中手工测试仍占据大部分的时间，尤其是模块级的白盒测试、黑盒测试、数据路径遍历测试和各种模块功能测试大多仍需要通过手工方式来完成。

实　　训

任务 1：任选一个网站，对其进行功能测试，并编写测试用例表。

任务 2：上网查阅目前流行的自动化测试工具，并简述其功能。

习　　题

6-1　基于 Web 的系统测试与传统的软件测试有什么不同？

6-2　Web 网站测试的内容通常包含哪些方面？

6-3　功能测试主要包括哪些方面的内容？

6-4　什么是信息的相关性？

6-5　链接测试分为哪几个方面？

6-6　Cookies 的作用是什么？

6-7　网站的性能测试主要从哪几个方面进行？

6-8　简述进行安全性测试的必要性。

6-9　导航测试的目的和具体内容是什么？

6-10　简述进行自动化测试的必要性。

6-11　自动化测试工具的优势体现在哪些方面？

第7章

软件易用性测试

软件易用性是用户对软件的易使用性、质量、效率及效果的总体感觉。在软件质量指标体系中，易用性（usability）是交互的适应性、功能性和有效性的集中体现，是用来衡量使用一个软件产品完成指定任务的难易程度。这与功能性、喜欢这些相关的概念是不一样的。

在《软件工程 产品质量 第1部分：质量模型》（GB/T 16260.1—2006）中，易用性包含易见性、易学习性和易用性，即软件产品被理解、学习、使用和吸引用户的能力。易见是指单凭观察，用户就应知道程序的状态；易学是指仅通过简单的帮助文件，用户就能对一个陌生的软件产品有清晰的认识；易用是指用户不翻阅手册就能使用该软件。

与软件易用性相关的概念还有效率性、出错率等。效率性是指用户熟悉软件功能或界面后，完成任务的速度。出错率是指在使用软件过程中，用户出现了多少错误，这些错误有多严重，从错误中是否容易恢复等。

7.1 软件易用性测试概述

7.1.1 软件易用性测试概念

软件易用性测试

易用性是软件工程中一个专门的研究领域。由于软件易用性涉及心理学、艺术、软件工程等多学科领域，因此易用性测试需要对多个领域的知识有较深入的研究。同时，由于易用性测试依赖于用户的主观判断，难以建立客观的易用性评估及评价体系，因此，目前还没有形成完整、统一的易用性测试的测试方法、评价测试方案。

易用性测试的目的是增加软件操作的简易性，让用户容易接受软件，方便用户的日常使用。因为易用性是非功能性需求，加上易用性不像功能那样有明确的界限，因此易用性有很多的主观成分无法直接测量，必须通过间接测量或观察某些属性的方式来实现。此外，易用性是针对不同用户的，开发和测试人员无法准确知道该软件产品是否对别人同样易用。所以，很多时候易用性测试没有一个统一的标准。一般来说，软件产品的易用性测试可分为四部分，即安装易用性测试、功能易用性测试、界面易用性测试和用户文档易用性测试。

7.1.2　高效地进行软件易用性测试

软件究竟好不好，用户是否满意，不是单方面感觉出来的，而是需要有一套合理的测试方式和方法。简单地说，软件易用性测试工作大致分为以下步骤。

1. 制订易用性测试计划

制订易用性测试计划，并准备易用性测试用例和易用性测试规程，包括确定测试计划分为几个测试阶段、每个阶段的目的和任务等。

2. 搭建测试环境，选择合适的测试人员

首先要根据软件需求搭建相应的测试环境，然后要对测试者进行选择。最好选择一些有代表性的用户作为测试人员，如最终用户或者内部没有参与开发工作的人员。经验表明，易用性测试通常不能由参与开发的人员来测试，这样会造成"易用的假象"，而是应该给多个不同的用户类分别进行测试。

3. 测试执行和过程控制

依据和对照基线化软件、基线化需求及软件需求测试文档，进行软件易用性测试。例如，测试是否具有直观的操作界面，测试是否按用户的一般认识逻辑性与行业习惯进行软件设计，测试是否提供在线帮助，在线帮助是否有充分的实例，测试操作方式是否采用菜单驱动与热键响应相结合，测试是否存在复杂的菜单选项和烦琐的操作过程，还有旧版测试比较和竞争对手的软件比较测试等。注意，在测试过程中，不要试着去指导或帮助测试人员；否则就会干扰测试结果。此外，要让测试出来的问题具有普遍意义而非个人倾向，需要至少 5 个用户参与易用性测试，其结果才具有说服力。

4. 测试结果分析和测试报告

记录在易用性测试期间发现的所有问题，附上截图或者关键录像片段，目的是了解问题的具体情况和背后的原因。最后，要提交易用性测试分析报告，说明测试的软件能力、缺陷、限制和不足，以及可能给软件运行带来的影响，也可提出弥补上述缺陷的建议。最后，说明测试是否通过。

7.2　安 装 测 试

软件安装过程是用户对软件的第一印象，是软件能否赢得用户的关键之一。能正确方便地安装的软件才可能赢得用户的好感，而难以安装或安装后无法正常使用，又或卸

载后有不良软件，不仅会失去一定的用户，还可能给软件开发商带来经济或名誉损失，甚至会有法律纠纷。因此，软件安装和卸载是否正确和易用，需要经过有效的软件安装测试判定。

安装可以很简单，像一些简单的桌面应用程序，只是简单地复制一些文件，对于这种应用，不需要专门的安装测试组，安装测试能够和其他测试合并在一起。安装也可以很复杂，需要支持多个操作系统平台、多种数据库、多个版本的中间件、多种网络服务器、多种拓扑结构等，这就要求测试人员具有较好的操作系统、数据库及网络服务器等方面的知识。因此，一般需要一个专门的安装测试组来进行安装测试。

软件安装测试需要考虑多种软硬件环境、多种安装方式和设置情况以及用户的操作习惯，要测试软件在正常情况下的不同条件或设置时是否都能进行安装。确认软件在安装后可立即正常运行，测试软件是否能正常卸载，安装过程和卸载过程是否方便易用，并对安装手册进行测试。

安装时应着重考虑以下几个方面。

软件安装测试

1. 安装手册的评估

测试安装手册时主要考虑其完整性、正确性、一致性和易用性。要按照安装手册的描述安装程序，特别要检查安装手册对安装环境、注意事项以及手动配置等方面是否进行了详细的说明。确保待测产品能够在所有支持的操作系统、数据库、应用服务器中间件、网络服务器、拓扑结构等各种组合情况下，被正确地安装和卸载；确保安装文档的正确性和易读性。

2. 安装的自动化程度测试

一般来说，软件的安装和卸载过程应尽量做到"全自动化"。当然，为了满足用户的多种需求，也可能有一些必要的手动配置，因此要测试手动配置是否方便使用。例如，是否有合适的默认值，是否提供了方便选择安装类型、修改安装路径的方式等。

3. 安装选项和设置的测试

为了适应用户的多种需求，安装程序通常提供一些选项和设置供用户选择，如安装路径、安装类型等。因此，测试时需要判断安装程序是否提供了方便灵活的用户设置方式，测试各种设置的情况下是否都能进行相应的安装。下面以常用的安装路径和安装类型为例进行说明。

（1）安装路径。至少要测试安装路径为默认路径、自定义路径时是否能正确安装；同时，也要测试安装路径为磁盘根目录、路径较长、路径中包含中文或空格等情况下是否能正常安装。如果安装程序对这些情况进行了限制，那么测试出现这些情况时是否给出了明确的提示。

（2）安装类型。对于包括多个组件的软件来说，一般要提供用户选择典型安装、自定义安装、完全安装、最小化安装的方式。要测试在这几种情况下，是否都能够按照用户的设置进行相应的安装。

4. 安装过程的中断测试

对于大型软件来说，安装过程可能需要几个小时，在这个过程中如果出现意外中断（如断电），可能使安装工作前功尽弃。因此，一个好的自动化安装程序应该能够记忆安装过程，当恢复安装过程时，应能自动检测到"断点"，并从"断点"处继续安装。

5. 多环境安装测试

对于安装测试来说，测试的软硬件环境配置是比较重要的。从测试的硬件环境方面考虑，至少要在标准配置、最低配置和笔记本电脑 3 种环境中进行安装测试。有些情况下，软件声称的最低配置并不符合实际，所以在最低配置环境中进行测试是非常必要的。另外，有些系统级的软件常常在笔记本电脑安装时发生错误。

从测试的软件环境方面考虑，要考虑操作系统和相关应用软件的影响。

（1）要在软件能够运行的几种操作系统下都进行安装。

（2）如果测试的软件设计为不依赖开发环境而运行的，那就需要测试在不安装开发环境的计算机中是否能正常安装和使用。

6. 安装的正确性测试

安装测试不仅是安装过程的测试，更重要的是安装结果的测试，也就是安装后是否能正常使用。但安装后的正确性测试一般不会测试所有的功能是否正常，而主要是测试安装包可能引起的功能问题，具体如下。

（1）该软件是否在注册表中正确写入。

（2）是否提供了常用的启动方式。一般应在"开始"菜单中创建一个程序组，并在桌面上建立一个快捷方式。

（3）几种启动方式是否都能正常启动软件，并且启动时间在一定限度内。

7. 修复安装测试与卸载测试

修复安装测试和卸载测试也是软件安装测试的重要部分，特别要注意软件卸载后可能会造成的不良影响，如删除了不该删除的文件而损坏了操作系统。修复安装测试和卸载测试需要从以下几个方面考虑。

（1）安装后直接再次安装，测试是否提示用户已安装，出现修复和卸载的页面，而不是安装界面。

（2）测试软件是否能够完全卸载，并且不影响操作系统和其他软件的正常使用。在特殊情况下，软件不能完全卸载时，是否有明确提示以便用户手动操作。

（3）测试软件卸载后，再次安装是否正常。

（4）在软件运行的情况下，进行卸载操作时，是否提示用户先关闭软件，而不出现异常。

（5）测试软件是否能正常修复。修复是指软件使用后，根据需要添加或删除软件的一些组件，或修复受损的软件。修复测试时，需检查修复是否起到作用，并且有无不良影响。

表 7-1 所示为一个简易的安装测试指南，在测试较为简单的软件产品安装时可以依照此表的步骤来进行。

表 7-1 安装测试指南

步骤	测试类型	测试内容	操作系统	测试结果
1	启动安装程序（launch setup）	如果安装了 CD-ROM，插入安装盘后自动启动安装程序，或找到 setup.exe 文件，双击文件启动安装程序	Windows 2000	Pass/Fail
			Windows NT	Pass/Fail
			Windows XP	Pass/Fail
			Windows Vista	Pass/Fail
2	闪屏（splash screen）	"载入安装程序"对话框出现后，检查以下内容：（1）内容是否正确（2）拼写是否正确（3）在安装过程中，随着载入安装程序界面的出现，闪屏也随即出现	Windows 2000	Pass/Fail
			Windows NT	Pass/Fail
			Windows XP	Pass/Fail
			Windows Vista	Pass/Fail
3	弹出框（pop up box）	弹出框出现时，检查以下几项内容：（1）内容是否正确（2）拼写是否正确	Windows 2000	Pass/Fail
			Windows NT	Pass/Fail
			Windows XP	Pass/Fail
			Windows Vista	Pass/Fail
4	中途退出（exit or Cancel）	（1）单击右上角的"关闭"按钮，确定关闭时是否出现询问退出的对话框（2）单击"取消"按钮，确定是否出现询问退出的对话框 ① 单击"是"按钮后出现提示应用系统没有被正确地安装，用户必须重新安装的信息 ② 单击"否"按钮后关闭对话框且返回到先前的界面	Windows 2000	Pass/Fail
			Windows NT	Pass/Fail
			Windows XP	Pass/Fail
			Windows Vista	Pass/Fail
5	安装导航（navigation）	（1）安装导航引导用户进入正确的界面，如"下一步"（Next）、"返回"（Back）、"取消"（Cancel）按钮（2）焦点停留的按钮能够引导用户执行下一个合理的操作	Windows 2000	Pass/Fail
			Windows NT	Pass/Fail
			Windows XP	Pass/Fail
			Windows Vista	Pass/Fail
6	目的地文件（file destination）	（1）程序可以选择"C:"以外的目录（2）通过单击"..."按钮可以选择其他的安装路径（3）可以通过以下方法选择路径：① 焦点在"确定"按钮上，按 Enter 键或者单击"确定"按钮 ② 从浏览文件夹中双击选择路径 ③ 直接输入路径 当文本框中输入的路径不存在时，系统可以创建	Windows 2000	Pass/Fail
			Windows NT	Pass/Fail
			Windows XP	Pass/Fail
			Windows Vista	Pass/Fail
7	安装过程（start installation）	（1）无异常出现（2）所有的文字可以正常显示（无截断）（3）界面上的版本信息、公司信息（图标、时间、地址等）正确（4）许可协议信息完整、正确	Windows 2000	Pass/Fail
			Windows NT	Pass/Fail
			Windows XP	Pass/Fail
			Windows Vista	Pass/Fail
8	安装完毕（installation complete）	（1）有弹出窗口提示安装完毕（2）所有文件都安装在选择的目录下（3）要求的.dll 全部安装（4）帮助文件安装在指定的文件夹下	Windows 2000	Pass/Fail
			Windows NT	Pass/Fail

续表

步骤	测试类型	测试内容	操作系统	测试结果
8	安装完毕 （installation complete）	（5）检查.exe 和.dll 版本号是否正确 （6）检查 ini 文件是否记载了正确的路径和 IP 地址信息 （7）检查需注册信息在注册表中是否存在且在正确的地方 （8）快捷方式创建在选择的文件夹/启动菜单中 （9）日志文件中的信息完整、正确	Windows XP	Pass/Fail
			Windows Vista	Pass/Fail
9	启动应用程序 （launch application）	可以通过以下方式启动应用程序： （1）双击目录中的应用程序图标 （2）从"开始"菜单中选择 （3）焦点放在.exe 文件上，按 Enter 键 （4）双击.exe 文件 （5）在运行命令下启动 （6）双击桌面上的快捷方式	Windows 2000	Pass/Fail
			Windows NT	Pass/Fail
			Windows XP	Pass/Fail
			Windows Vista	Pass/Fail
10	重启计算机后启动应 用程序 （restart to use application）	如果有对话框提示需重启计算机才能完成安装，重启计 算机后再启动应用程序检查是否可以正常工作	Windows 2000	Pass/Fail
			Windows NT	Pass/Fail
			Windows XP	Pass/Fail
			Windows Vista	Pass/Fail
11	卸载 （uninstall）	通过 uninstall 程序或"控制面板"卸载应用程序；卸载 后，检查安装的文件/文件夹/注册表信息是否被删除	Windows 2000	Pass/Fail
			Windows NT	Pass/Fail
			Windows XP	Pass/Fail
			Windows Vista	Pass/Fail

7.3　功能易用性测试

功能测试就是对产品的各功能进行验证，根据功能测试用例，逐项测试，检查产品是否达到用户要求的功能。

1. 在对产品进行测试时需主要考虑的问题

（1）业务符合性。界面风格、表格设计、业务流程、数据加密机制等符合相关的法律法规、业界规划以及使用人员的习惯。

（2）功能定制性。软件功能应能够灵活定制。

（3）业务模块的集成度。对于存在紧密关系的模块，能方便功能转换，从一个功能进入另一个功能。

（4）数据共享能力。数据共享主要指数据库表的关联和数据重用。对于多处使用的数据应可以一次输入、多处使用，减少用户重复工作。

（5）约束性。对于流程性强的操作，应能够限制操作顺序；对非法信息应禁止进入系统。

（6）交互性。对于用户的每一次操作，应能够给出提示或回应，使用户能清晰地看到系统的运行状态，如进度条；对于流程性强的操作，应能够限制操作顺序；对非法信息应不允许进入系统。

（7）错误提示。关键操作或数据删除等操作前有明确的提示，报错时给出明确的出错原因及排查方法。

2. 针对 Web 系统的功能测试常用的方法

（1）页面链接检查。每一个链接是否都有对应的页面，并且页面之间切换正确。

（2）相关性检查。删除/增加一项会不会对其他项产生影响，如果产生影响，这些影响是否都正确。

（3）检查按钮的功能是否正确。如 Update、Cancel、Delete、Save 等功能是否正确。

（4）字符串长度检查。输入超出需求所说明的字符串长度的内容，看系统是否检查字符串长度，会不会出错。

（5）字符类型检查。在应该输入指定类型的内容的地方输入其他类型的内容（如在应输入整型的地方输入其他字符类型），看系统是否检查字符类型，会不会报错。

（6）标点符号检查。输入内容包括各种标点符号，特别是空格、各种引号、Enter 键，对于这些符号，看系统处理是否正确。

（7）中文字符处理。在可以输入中文的系统中输入中文，看是否出现乱码或出错。

（8）检查带出信息的完整性。在查看信息和 Update 信息时，查看所填写的信息是不是全部带出，带出信息和添加的是否一致。

（9）信息重复。为一些需要命名，且名字应该唯一的信息输入重复的名字或 ID，看系统有没有处理，会不会报错。重名包括是否区分大小写，以及在输入内容的前后输入空格，系统是否进行正确处理。

（10）检查删除功能。在一些可以一次删除多个信息的地方，不选择任何信息，按 Delete 键，看系统如何处理，会不会出错；然后选择一个或多个信息进行删除，看是否正确处理。

（11）检查添加和修改是否一致。检查添加和修改信息的要求是否一致。例如，添加要求必填的项，修改也应该必填；添加规定为整型的项，修改也必须为整型。

（12）检查修改重名。修改时把不能重名的项改为已存在的内容，看系统会不会处理、报错；同时，也要注意系统会不会报和自己重名的错误。

（13）重复提交表单。一条已经成功提交的记录，返回后再提交，看看系统是否做了处理。

（14）检查多次使用 Backspace 键的情况。在有 Backspace 键的地方返回到原来页面，再返回，重复多次，看是否会出错。

（15）Search 检查。在有 Search 功能的地方输入系统存在或不存在的内容，看 Search 结果是否正确。如果可以输入多个 Search 条件，可以同时添加合理和不合理的条件，看系统处理是否正确。

（16）输入信息位置。注意在光标停留的地方输入信息时，光标和所输入的信息是否会跳到别的地方。

（17）上传下载文件检查。上传下载文件的功能是否实现，上传文件是否能打开。对上传文件的格式有何规定，系统是否有解释信息，并检查系统是否能够做到。

（18）必填项检查。应该填写的项没有填写时系统是否都做了处理，对必填项是否有提示信息，如在必填项前加"*"符号。

（19）快捷键检查。是否支持常用快捷键，如 Ctrl+C、Ctrl+V、Backspace 键等；对一些不允许输入信息的字段，如选择人员、选择日期等对快捷方式是否也做了限制。

（20）Enter 键检查。在输入结束后直接按 Enter 键，看系统处理如何，是否会报错。

7.4　用户界面测试

用户界面（user interface，UI）是指软件中的可见外观及其底层与用户交互的部分（包括菜单、对话框、窗口和其他控件）。虽然 UI 可能各有不同，但是从技术上来说，它们与计算机进行同样的交互，即提供输入和接受输出。用户界面是软件面向用户的主大门，直接影响到用户对软件系统的印象及后期的使用等。

7.4.1　界面整体测试

用户界面测试（user interface testing），又称为 UI 测试，是指测试用户界面的风格是否满足客户要求，文字是否正确，页面是否美观，文字、图片组合是否完美，操作是否友好等。UI 测试的目标是确保用户界面会通过测试对象的功能来为用户提供相应的访问或浏览功能，确保用户界面符合公司或行业的标准。一个优秀的 UI 应具备下列 7 个常见的要素。

1. 符合标准和规范

最重要的用户界面要素是软件符合现行的标准和规范，或者有真正站得住脚的不符合标准和规范的理由。如果软件在 Mac 或者 Windows 等现有平台上运行，标准都是已经确立的。Apple 的标准在 Addison-Wesley 出版的 *Macintosh Human Interface Guidelines* 一书中定义，而 Microsoft 的标准在 Microsoft Press 出版的 *Microsoft Windows User Experience* 一书中定义。两本书都详细说明了在该平台上运行的软件用户应该有什么样的外观和感觉。每一个细节都有定义，何时使用复选框而不是单选按钮，何时使用提示信息、警告信息或者严重警告是正确的。

注意：如果测试在特定平台上运行的软件，就需要把该平台的标准和规范作为产品说明书的补充内容，像对待产品说明书一样，根据它建立测试用例。

2. 直观性

当测试用户界面时，应考虑以下问题来衡量软件的直观度。

（1）用户界面是否洁净、不唐突、不拥挤？UI 不应该为用户制造障碍。所需功能或者期待的响应在预期出现的地方有明显显示。

（2）UI 的组织和布局合理吗？是否允许用户轻松地从一个功能转到另一个功能？下一步做什么明显吗？任何时刻都可以决定放弃或者返回、退出吗？输入得到承认了吗？菜单或者窗口是否深藏不露？

（3）有多余功能吗？软件整体或局部是否做得太多？是否有太多特性把工作复杂化？是否感到信息太庞杂？

（4）如果其他所有努力失败，帮助系统真能帮忙吗？

3. 一致性

测试的软件本身以及与其他软件的一致性是一个关键属性。用户的使用习惯性强了，希望一个程序的操作方式能够带到另一个程序中。因此，在审查产品时，应时常想想以下几个基本术语。

（1）快捷键和菜单选项。

（2）术语和命令。整个软件使用同样的术语吗？特性命名一致吗？例如，Find 是否一直叫 Find，而不是有时叫 Search？

（3）听众。软件是否一起面向同一听众级别？带有花哨用户界面的趣味贺卡程序不应该显示泄露技术机密的错误提示信息。

（4）按钮位置和等价的按键。例如，若对话框有 OK 按钮和 Cancel 按钮，是否 OK 按钮总是在上方或者左方，而 Cancel 按钮总是在下方或者右方？Cancel 按钮的等价按键通常是 Esc 键，而"选中"按钮的等价按键通常是 Enter 键，应保持一致。

4. 灵活性

用户可选择的方式不要太多，但是界面应满足用户选择做什么和怎样做的需求。Windows 系统中的"计算器"程序有两种界面（图 7-1），即标准型和科学型。用户可以决定用哪个来计算，或者哪个体现出其灵活性。

图 7-1　"计算器"程序的两种基本界面

当然，灵活性可能发展为复杂性。在计算器例子中，两个界面就需要进行更多测试。灵活性对测试的影响主要体现在状态和数据上。

衡量软件的灵活性应该考虑以下几方面因素。

（1）状态跳转。灵活的软件实现同一任务有多种选择和方式。通向软件各种状态的途径越多，状态转换图会变得越复杂，软件测试员需要花费更多时间决定测试哪些相互连接的途径。

（2）状态终止和跳过。当软件具有用户非常熟悉的超级用户模式时，显然能够跳过众多提示或者窗口直接到达想去的地方，能够直接拨到公司电话分机的语音信息就是一个例子。如果测试几种功能的软件，就需要保证能够在跳过所有中间状态或者提前终止时正确设置状态变量。

（3）数据输入和输出。用户希望有多种输入数据和查看结果的方式。为了在"写字板"文档中插入文字，可以用键盘输入、粘贴输入、从 6 种文件格式读入、作为对象插入，或者用鼠标从其他程序拖动输入。

5. 舒适性

软件应该用起来舒适，而不应该为用户工作制造障碍和困难。软件舒适性是讲究感觉的，研究人员设法找出软件舒适的正确公式，这是难以实现的理论，但是可以找到如何鉴别软件舒适性的一些好办法。

（1）风格恰当、合理。软件的外观应该与软件的性质和属性相一致，如酒店管理系统就不应该使用很多色彩与音效，但如果是一个游戏网站则没有这方面的限制；否则会让最终用户感觉软件的风格与内容不符，影响用户使用的舒适度。

（2）错误提示信息。当用户在执行一些严重错误的操作（当然，有时是无意中单击了一个按钮）时，系统应该给出相应的提示，并且允许用户恢复由于错误操作而导致丢失的数据，如删除数据时，系统应提示"是否确定删除"。

（3）进度提示。快不见得是好事，不少程序的错误提示信息都是一闪而过，无法看清，导致用户无法进行相应的正确反应。如果某些操作进度缓慢，也至少应该向用户反馈操作持续时间，并且显示它正在工作，并没有停滞，如可以使用进度条来表示文件的复制进度。

（4）帮助信息。对一些按钮或对话框的功能应该给予相应的帮助信息提醒，如 Microsoft Word 中，当光标停留在某个按钮（如图表）上时，系统会给出一个提示信息。

6. 正确性

测试正确性，就是测试 UI 是否做了该做的事。以下情况要特别注意。

（1）市场定位偏差。有没有多余的或者遗漏的功能，或者某些功能执行了与市场宣传材料不符的操作？

（2）语言和拼写。程序员知道怎样只用计算机语言的关键字拼出句子，常常能够制造一些非常有趣的用户信息。

（3）不良媒体。媒体是软件 UI 包含的所有支持的图标、图像、声音和视频。图标应该同样大，并且具有相同的调色板；声音应该都有相同的格式和采样率；正确的媒体从 UI 选择时应该显示出来。

（4）所见即所得。即保证 UI 所描述的就是实际得到的。

7. 实用性

优秀的用户界面的最后一个要素是实用性。实用性不是指软件本身是否实用，而仅指具体特性是否实用。在审查产品说明书、准备测试或者实际测试时，想一想看到的特性对软件是否具有实用价值？它们有助于用户执行软件设计的功能吗？如果认为它们没有必要，就要研究它们存在于软件中的原因。有可能存在我们没有想到的原因。

7.4.2 图形用户界面测试

目前软件开发技术中，由于图形用户界面（graphical user interface，GUI）测试开发环境采用了较多可重用的组件（或构件），因此开发用户界面是一项高效、省时且更为精确的工作。 GUI 的复杂性，对这类情形的软件测试提出了新的挑战，增加了测试的难度，从而也加大了设计和执行测试用例的难度。图形用户界面测试主要是对界面的各个部件的单独检验，以及对界面的整体做静态测试，当前这个方面的测试技术基本上都是采用自动化测试工具进行测试。

用户界面有两个重要的组成部分：一是界面的外观，即给用户的印象，如界面的布局是否合理以及颜色的使用、文字的选用、规格大小、文字的描述等，必须给人一种感官上的愉悦，让用户容易理解；二是界面与用户间的互动，即用户在使用软件时对软件的满意程度，如是否容易操作、是否容易找到技术支持的资料等。

对于界面外观的检测，应该属于静态测试范围。这类的检测实例可以用列表的方式，列出软件各窗口（对网络类 C/S 软件则是各网页）、各窗口里所含各类菜单、菜单里的各项（包括它们的状态）、各种图符（icon）、表单（form）、链接（link）及各种按钮等测试内容。总之，应将用户界面上所有部件都列入表中，不要有遗漏。

下面列出测试具体工作中经常需要考虑的测试内容和方法，可作为常见 GUI 测试的参考指南。

1. 窗体操作测试

GUI 测试中的窗体操作包括以下几个。

（1）窗体控件的大小、对齐方向、颜色、背景等属性的设置值是否和程序设计规约一致。

（2）窗体控件布局是否合理、美观；窗体控件 Tab 顺序是否从左到右、从上到下；窗体焦点是否按照编程规范落在既定的控件上。

（3）窗体画面文字（全角、半角、格式、拼写）是否正确。

（4）窗体大小能否改变、移动或滚动，能否响应相关的输入或菜单命令。

（5）窗体中的数据内容能否用鼠标、功能键、方向箭头和键盘操作访问。

（6）显示多个窗体时，窗体名称能否正确表示，活动窗体是否被加亮。

（7）多用户联机时所有窗体是否能够实时更新，窗体声音及提示是否符合既定编程规则。

（8）相关的下拉菜单、工具条、滚动条、对话框、按钮及其他控制是否能够正确并完全可用。

（9）鼠标无规则单击时是否会产生无法预料的结果。

（10）打开窗体时的声音和颜色提示和窗体的操作顺序是否符合需求。

（11）如果使用多任务，是否所有的窗体被实时更新。

（12）当被覆盖并重新调用后，窗体能否正确地再生。

（13）需要时能否使用所有与窗体相关的功能，所有与窗体相关的功能是可操作的。

（14）窗体能否被正确关闭。

2. 下拉式菜单和鼠标操作测试

GUI 测试对下拉式菜单和鼠标操作的测试内容有以下几项。

（1）应用程序的菜单条是否显示系统相关的特性（如时钟显示）。

（2）是否适当地列出了所有的菜单功能和下拉式子功能。

（3）菜单功能是否正确执行。

（4）菜单功能的名字是否具有自解释性，菜单项是否有帮助、是否语境相关。

（5）菜单条、调色板和工具条是否在合适的语境中正常显示和工作。

（6）下拉式菜单相关操作是否使用正常、功能是否正确。

（7）能否通过鼠标来完成所有的菜单功能。

（8）能否通过用其他的文本命令激活每个菜单功能。

（9）菜单功能能否随着当前的窗体操作加亮或变灰。

（10）在整个交互式语境中，是否可正确识别鼠标操作，如要求多次单击鼠标或鼠标有多个按钮。

（11）光标、处理指示器和识别指针能否随操作而相应改变。

（12）光标有多个形状时是否能够被窗体识别（如光标呈漏斗状时，窗体不接受输入）。

7.5 用户文档测试

现在软件文档变得越来越大，有时甚至需要投入比制造软件本身更多的时间和精力。软件测试员通常不仅仅限于测试软件，还要负责检测组成整个软件产品的各个部分，保证文档的正确性也在其职责范围之内。

文档测试包括对系统需求分析说明书、系统设计报告、用户手册以及与系统相关的一切文档、管理文件的审阅、评测。系统需求分析和系统设计说明书中的错误将直接导致程序的错误；而用户手册将随软件产品交付用户使用，是产品的一部分，也将直接影响用户对系统的使用效果，所以任何文档的表述都应该清楚、准确。

文档测试时应该仔细阅读其文字，特别是用户手册，应完全根据提示操作，将执行结果与文档描述进行比较。不要做任何假设，而是应该耐心补充遗漏的内容、耐心更正错误的内容和表述不清楚的内容。表 7-2 列出了某信息系统相关文档的检查点。

表 7-2　某信息系统相关文档的检查点

检查项目	检查点
文档面向	（1）文档面向读者是否明确 （2）文档内容与文档级别是否合适
术语	（1）术语是否适合读者 （2）用法是否一致 （3）是否使用了首字母或其他缩写 （4）是否标准 （5）是否需要定义 （6）公司的首字母缩写不能与术语完全相同 （7）所有术语是否可以正确索引或交叉引用
内容和主题	（1）主题是否合适 （2）是否有丢失的主题 （3）是否有不应出现的主题 （4）材料深度是否合适
正确性	（1）文档所表述的内容是否正确 （2）与实际执行是否一致
准确性	（1）文档所表述的内容是否准确 （2）表述是否清楚
真实性	（1）是否所有信息真实并且技术正确 （2）是否有过期的内容 （3）是否有夸大的内容 （4）检查目录、索引和章节引用 （5）产品支持相关信息是否正确 （6）产品版本
图表和屏幕抓图	（1）检查图表的准确度和精确度 （2）图像来源和图像本身是否准确 （3）确保屏幕抓图不是来源地已经改变的预发行版 （4）图表标题是否正确
样例和示例	（1）模拟文档面向的读者使用样例 （2）如果是代码，输入或者复制并执行
拼写和语法	检查拼写和语法是否有误

小　结

　　本章首先从软件易用性的概念出发，指出了软件易用性测试的重要性，然后由浅入深地指出易用性测试所包含的具体内容，包括安装测试、功能易用性测试、用户界面测试和文档测试等。通过对这些内容所做的详细讲解，尤其是对用户界面测试给出了具体的测试用例，帮助读者进一步理解和掌握这部分内容。

实　　训

任务：参考表 7-1，任选一个操作系统进行安装测试，写出测试内容及结果。

习　　题

7-1　什么是软件的易用性？

7-2　软件产品的易用性测试可分为哪几个部分？

7-3　简要描述软件易用性测试的工作步骤。

7-4　一个优秀的用户界面应该具有哪些常见的要素？

7-5　请对自己比较熟悉的一个软件产品进行安装测试，并记录测试结果。

7-6　以 Windows 系统中的"计算器"程序为例，写出测试其"存储""取出存储""清除存储"的可能测试实例（提示：以"计算器"的"帮助"菜单对这几项功能的描述为依据）。

第 8 章

软件测试质量保证与项目管理

学习目标 ☞
- 了解测试组织策划和组织管理。
- 理解测试系统体系结构以及配置和管理测试环境。
- 掌握软件能力成熟度模型的作用。
- 了解软件缺陷跟踪管理。

本章主要介绍软件测试组织的策划和管理、测试系统体系结构、配置与管理测试环境、制订测试计划、确立测试过程以及测试结果的分析。通过介绍测试文档类型及其文档运用方法，明确和理解测试组织活动的系统性及规范化。

8.1 软件测试质量保证

8.1.1 软件质量保证

1. 软件质量

软件质量（software quality）是贯穿软件生存期的一个极为重要的问题，是软件开发过程中所使用的各种开发技术和验证方法的最终体现。因此，在软件生存期中要特别重视质量的保证，以生成高质量的软件产品。

软件质量是一个软件企业成功的必要条件，其重要性无论怎样强调都不过分。软件质量与传统意义上的质量概念并无本质差别，只是针对软件的某些特性进行了调整。

软件质量由以下 3 部分构成。

（1）软件产品的质量，即满足使用要求的程度。

（2）软件开发过程的质量，即能否满足开发所带来的成本、时间和风险等要求。

（3）软件在其商业环境中所表现的质量。

软件质量具有以下 3 个特性。

（1）可说明性。用户可以基于产品或服务的描述和定义加以使用。

（2）有效性。产品或服务对于客户的需求是否能保持有效，如果具有 99.99%的有效性，就达到质量要求了。

（3）易用性。对于用户而言，产品或服务非常容易使用，并且一定具备非常有用的功能。

总体而言，高品质软件应该是相对的无产品缺陷或只有极少量的缺陷，它能够准时递交给客户，所花费用都在预算内，并且满足客户需求，是可维护的。但是，有关质量好坏的最终评价取决于用户的反馈。

2. 过程质量

探索复杂系统开发过程的秩序，按一定规程工作，可以较合理地实现目标。规程由一系列活动组成，形成方法体系，建立严格的工程控制方法，要求每一个人都要遵守工程规范。目前主要流行的软件过程改进模型有以下两种。

（1）软件能力成熟度模型（capability maturity model，CMM）。

（2）国际标准过程模型 ISO 9000。

软件的质量保证就是向用户及社会提供满意的高质量的产品。进一步地说，软件的质量保证活动也和一般的质量保证活动一样，是确保软件产品从诞生到消亡为止的所有阶段的质量的活动。即为了确定、达到和维护需要的软件质量而进行的所有有计划、有系统的管理活动。

3. 软件质量保证与软件测试的关系

如何保证产品质量？任何形式的产品都是多个过程得到的结果，因此对过程进行管理与控制是提高产品质量的一个重要途径，对于一个软件项目，软件质量保证（software quality assurance，SQA）活动是自始至终的，它的管理对象是软件过程，是对过程的管理。总的来说，软件质量保证活动是协调、审查、促进和跟踪，获取有用信息，形成分析结果以指导软件过程。影响软件质量保证活动效果的重要因素有知识结构、经验、依据、全员参与、把握重点等。

软件质量保证与软件测试的关系体现在以下几个方面。

（1）软件质量保证与软件测试二者之间既存在包含关系又存在交叉关系。软件测试能够找出软件缺陷，确保软件产品满足需求。但是测试不是质量保证，二者并不等同。测试可以查找错误并进行修改，从而提高软件产品的质量。软件质量保证则是避免错误以求高质量，并且还有其他方面的措施以保证质量。

（2）从共同点的角度看，软件测试和软件质量保证的目的都是尽力确保软件产品满足需求，从而开发出高质量的软件产品。两个流程都贯穿于整个软件开发生命周期。正规的软件测试系统主要包括制订测试计划、测试设计、实施测试、建立和更新测试文档。软件质量保证的工作主要为制订软件质量要求、组织正式审查、软件测试管理、对软件的变更进行控制、对软件质量进行度量、对软件质量情况及时记录和报告。软件质量保证的职能是向管理层提供正确的可行信息，从而促进和辅助设计流程的改进。软件质量保证的职能还包括监督测试流程，这样测试工作就可以被客观地审查和评估，同时也有助于测试流程的改进。

（3）二者的不同之处在于软件质量保证工作侧重于对软件开发流程中的各个过程进行管理与控制，杜绝软件缺陷的产生；而软件测试是对已产生的软件缺陷进行修复。

8.1.2 软件测试管理

为了真正做好软件测试工作，系统地建立一个软件测试管理体系是非常重要的，只有这样才能确保软件测试在软件质量保证中发挥应有的关键作用。

建立软件测试管理体系可从以下几个方面入手。

（1）确定软件测试的每个阶段：制订测试计划、测试设计、实施测试、建立和更新测试文档以及测试管理。

（2）确定各阶段间的相互关系。制订测试计划、测试设计、实施测试 3 个阶段是按顺序依次进行并且相互作用，阶段间衔接是规范化的，即每个阶段有开始标志和结束标志。测试管理是对这 3 个阶段进行监督和管理，建立和更新测试文档则贯穿整个测试流程。

（3）确定进行各阶段测试所需要的标准和策略，掌握其相关文档。

（4）确定监督、管理和控制各测试阶段的准则和方法。

（5）确保可以获得必要的资源和信息，以支持测试流程的正常进行和监督工作的顺利开展。

（6）为了提高测试质量，适当采取改进措施。

软件测试管理的主要内容如下。

（1）软件产品的监督和测量。对软件产品的质量特性进行监督和测量，主要依据软件需求规格说明书，验证产品是否满足要求。所开发的软件产品是否可以交付，要预先设定质量度量指标并进行测试，只有符合预先设定的指标才可以交付。

（2）对不符合要求的产品的识别和控制。对在软件测试中发现的软件缺陷，要认真记录它们的属性和处理办法，并进行跟踪，直至最终解决。在修复软件缺陷之后，要再次进行验证测试。

（3）软件过程的监督和测量。从软件测试中可以获取大量关于软件过程及其结果的数据和信息，它们可用于判断这些过程的有效性，为软件过程的正常运行和持续改进提供决策依据。

（4）产品设计和开发的验证。通过设计测试用例对需求分析、软件设计、程序代码进行验证，确保程序代码与软件设计说明书一致，软件设计说明书与需求规格说明书一致。对于验证中发现的不合格现象，同样要认真记录和处理，并跟踪解决。解决问题之后，要再次进行验证。

8.1.3 ISO 9000 标准与流程实施

近年来，国际上影响最为深远的质量管理标准当属国际标准化组织（International Organization for Standardization，ISO）于 1987 年公布的 ISO 9000 系列标准。到目前为止，已有 110 多个国家在它们的企业中采用和实施这一系列标准。一套国际标准在如此短的时间内被这么多的国家采用，影响如此广泛，实属罕见。中国对此也十分重视，采取了积极态度。一方面确定对其等同采用，发布了与其相应的质量管理国家标准系列 GB/T 19000；另一方面积极组织实施和开展质量认证工作。

ISO 9000 有以下两个显著特点。

① ISO 9000 的目标是开发过程，而不是产品。它关心的是进行工作的组织方式而不是工作成果。

② ISO 9000 只决定过程的要求是什么，而不管如何达到。

ISO 9000 标准中针对软件的部分是 ISO 9000.1 和 ISO 9000.3。ISO 9000.1 负责设计、开发、生产、安装和服务产品方面的事务。ISO 9000.3 负责开发、供应、安装和维护计算机软件方面的事务。

ISO 9000.3 的核心内容包括合同评审、开发计划、实现和评审、测试和确认、验收、复制、交付和安装以及维护。

ISO 9000.3 流程实施步骤如下。

步骤一：合同评审。

在投标、接受合同或订单之前，供方应对标书、合同或订单进行评审，以确保以下方面的实施。

① 各项要求都有明确规定并形成文件，在以口头方式接到订单，而对要求没有书面说明的情况下，供方应确保订单的要求在客户接受之前得到同意。

② 任何与投标不一致的合同或订单的要求已经得到解决。

③ 供方具有满足合同或订单要求的能力。

④ 在某一具体项目进行开发前，应具有一套该项目的完整、精确、无歧义的功能需求，这些需求应包括需方的所有要求，该需求应足以成为产品验收确认时的依据。在制订需求规格说明时应注意：双方指定专人负责；需求认可和更改的批准；防止误解，定义好术语，对需求的前景进行说明；记录和评审双方讨论的结果，以备将来查询某些需求、确定原因时使用。

步骤二：开发计划。

在项目进行前制订开发计划，作为总体的策划，指导整个项目有序地进行。开发计划要求包括以下方面：项目定义；项目资源组织管理；开发阶段；进度；确定质量保证计划、测试计划、集成计划等；设计和实现。

设计和实现活动是将需求规格说明转化为软件产品的过程。为保证软件产品的质量，这些活动必须在严格规定的方法下进行，不能依赖于事后的审查监督。

设计阶段要满足各阶段的共同要求，此外，设计阶段还应考虑以下几个方面。

① 选用适合所开发产品类型的设计方法。

② 总结、吸取以往项目的经验教训。

③ 设计应考虑软件以后的测试、维护和使用。

步骤三：实现。

规定编程规则、编程语言、命名约定、编码和注释规则等，要求在实现过程中严格遵守既定开发规则，选用合适的方法和工具实现产品。

步骤四：评审。

为使需求规格说明得以满足，上述规则方法得以实施，必须以评审的方式加以保证。直到所有被发现的缺陷被消除，或确定缺陷的风险可控后，才能进入下一步的设计或实现工作。

步骤五：测试和确认。

要具有完整的测试计划，测试计划要经过评审，并以此为依据进行测试活动。

（1）测试计划。

① 包括单元测试计划、集成测试计划、系统测试计划、验收测试计划。

② 制订测试用例、测试数据和预期结果。

③ 考虑要进行的测试类型。

④ 描述测试环境、工具以及测试软件。

⑤ 包括软件产品是否完成的判断准则。

⑥ 包括测试所需人员及其要求。

（2）测试活动。

① 记录发现的问题，指出可能受影响的其他部分软件，通知相关负责人员。

② 确定受影响的其他部分软件，并以其进行重新测试。

③ 评价测试是否适度和适当。

④ 在验收和交付产品前，必须尽可能在类似使用环境中进行确认测试。

步骤六：验收。

当软件产品已经完成，经过内部确认测试，准备好交付后，应要求需方根据合同中的规定原则判断是否可以进行验收。对于验收中发现问题的处理办法由双方商定并纳入文档。具备验收条件后，应制订验收计划并逐步实施。

验收计划应包括时间进度、评估规程、软硬件环境、验收准则。

步骤七：复制、交付和安装。

（1）复制。制作好安装程序，复制好必要的副本，准备好该交付的操作手册、用户指南等文档。

（2）交付。交付前应对所交付产品的正确性及完整性进行检验。

（3）安装。就以下方面双方明确商定各自的作用、责任和义务。

① 时间进度及安排，包括非工作时间及节假日的工作人员安排及工作责任。

② 提供出入便利条件。

③ 指定熟练人员的密切配合。

④ 提供必要的系统及设备。

⑤ 对每次安装的确认条件需明确规定。

⑥ 对每次安装认可的正式规程。

步骤八：维护。

对于软件产品在初次交付及安装后，必须提供的维护应在合同中明确规定。合同中应明确程序、数据、规格说明的维护期。

维护工作一般包括问题的解决、接口的调整、功能扩充和性能改进。

8.2　软件机构成熟度评价

多年来，软件开发项目不能如期交付，软件产品的质量不能令客户满意，以及软件开发的开销超出项目开始时所做的预算，这些都是许多软件开发机构遇到的难题。近 20 年来，不少人力图采用新的软件开发技术来解决软件生产率和软件质量存在的问题，但结果却不尽如人意。这一现象促使人们进一步考察软件开发过程，从而发现关键问题在于软件开发过程的管理不尽如人意。事实表明，在无规则和混乱的管理条件下，先进的技术和工具并不能发挥应有的作用。人们认识到改进软件开发过程的管理是解决上述难题的突破口，稳定、持续地保证软件高质量地完成，只能依靠建立反映有效软件工程实践和管理实践的过程基础设施。

对于不同的软件开发机构，在组织人员完成软件项目中所依据的管理策略有很大差别，因而软件项目所遵循的软件过程也有很大差别。因此，软件开发过程管理可用软件机构的成熟度加以判别。

CMM 即软件能力成熟度模型，是一个行业标准模型，用于定义和评价软件公司开发过程的成熟度，是向软件组织提供如何增加对其开发和维护软件过程的控制能力。设计并实施 CMM 是为了指导软件组织达到以下要求。

① 确定当前过程的成熟度等级，识别出对软件质量和过程改进至关重要的问题，选择其过程改进策略。

② 通过关注一组有限的活动，并为实现它们而积极工作，组织能稳步地改善其软件过程，使其软件过程能力持续不断地增长。

CMM 一般将软件过程能力成熟度分为 5 个等级。

① 初始级（等级 1）。软件过程的特点是无秩序的，偶尔甚至是混乱的。几乎没有什么过程是经过定义的，成功依赖于个人的努力。

② 可重复级（等级 2）。已建立基本的项目管理过程去跟踪成本、进度和功能性。必要的过程规则已经就位，使具有类似应用的项目能重复以前的成功。

③ 已定义级（等级 3）。管理活动和工程活动两方面的软件过程均已文档化、标准化，并集成到组织的标准软件过程。全部项目均采用供开发和维护软件的组织标准软件过程中一个经批准的剪裁本。

④ 已管理级（等级 4）。已采集详细的有关软件过程和产品质量的度量。无论是软件过程还是产品均已得到定量了解和控制。

⑤ 优化级（等级 5）。利用来自过程和来自新思想、新技术先导性试验的定量反馈信息，使持续过程改进成为可能。

8.3　软件缺陷跟踪管理

软件测试的主要目的是发现软件存在的 Bug，如何处理测试中发现的错误，将直接影响测试的效果。只有正确、迅速、准确地处理这些错误，才能消除软件错误，保证要发布的软件符合需求设计的目标。在实际的软件测试过程中，每个 Bug 都要经过测试、确认、修复、验证等管理过程，这是软件测试的重要环节。

1. 错误跟踪管理

为了正确地跟踪每个软件错误的处理过程，通常将软件测试发现的每个错误作为一条记录输入指定的错误跟踪管理系统。

目前已有的错误跟踪管理软件包括 Compuware 公司的 TrackRecord 软件（商业软件）、Mozilla 公司的 Bugzilla 软件（免费软件）以及国内的微创公司的 BMS 软件，这些软件在功能上各有特点，可以根据实际情况选用。当然，也可以自己开发缺陷跟踪软件，如基于 Notes 或是 ClearQuese 开发的错误跟踪管理软件。

作为一个错误跟踪管理系统，需要正确记录错误信息和错误处理信息的全部内容，具体内容如下。

1）Bug 记录信息

（1）测试软件名称。

（2）测试版本号。

（3）测试人名称。

（4）测试事件。

（5）测试软件和硬件配置环境。

（6）发现软件错误的类型。

（7）错误的严重等级。

（8）详细步骤。

（9）必要的附图。

（10）测试注释。

2）Bug 处理信息

（1）处理者姓名。

（2）处理时间。

（3）处理步骤。

（4）错误记录的当前状态。

正确的错误数据库权限管理是错误跟踪管理系统的重要考虑因素，一般要保证对于添加的错误不能从数据库中删除。

2. 软件错误的状态

软件错误的状态一般有以下几类。

（1）新建（new）：测试中新报告的软件 Bug。

（2）已分配（assigned）：被确认并分配给相关开发人员处理。

（3）已解决（resolved）：开发人员已完成修正，等待测试人员验证。

（4）重新打开（reopened）：测试人员返测状态为已解决的缺陷，开发人员已修改完成的缺陷，发现所描述的错误没有改正，需要重新打开。

（5）已验证（verified）：返测通过，确认缺陷已被修正。

（6）关闭（closed）：Bug 已被修复。

3. 缺陷处理方法

对于缺陷有以下几种处理方法。

（1）已修复（fixed）：开发人员已将缺陷修复。

（2）无效（invalid）：开发人员认为不是错误，所提交的缺陷不用修复。

（3）暂时不改（wontfix）：开发人员任意修改这个缺陷可能会影响其他方面，需要在以后来修改，或者为修复此缺陷需要提供更多的信息。

（4）无法重现（worksforme）：开发人员根据测试人员提交的 Bug 步骤，无法再现 Bug。

（5）重复（duplicate）：标记缺陷为另一缺陷的重复。

4. 错误管理流程

错误管理的流程可以概括为以下几个步骤。

（1）测试人员提交新的错误入库，错误状态为"新建"。

（2）高级测试人员验证错误如下。

① 如果确认是错误，分配给相应的开发人员，设置状态为"已分配"；

② 如果不是错误，则视为无效，设置状态为"无效"。

（3）开发人员查询状态为"已分配"的错误，做以下处理。

① 如果不是错误，则设置状态为"无效"。

② 如果是错误，则修复并设置状态为"已修复"。

③ 如果是不能解决的错误，要留下文字说明并保持错误为"暂不修改"状态。

对于不能解决和延期解决的错误，不能由开发人员自己决定，一般要经某种会议（评审会）通过才能认可。

（4）测试人员查询状态为"已修复"的错误，验证错误是否已解决，做以下处理。

① 问题解决了，设置错误的状态为"已验证"。

② 如果问题没有解决，则设置状态为"重新打开"。

（5）高级测试人员查询状态为"已验证"的缺陷，做以下处理。

① 如果问题已经通过验证，并且没有错误，状态改为"关闭"。

② 如果问题没有解决，则设置状态为"重新打开"。

5. 错误流程管理

错误流程管理应遵照以下原则。

（1）为了保证错误处理的正确性，需要有丰富测试经验的测试人员验证发现的错误是否是真正的错误，书写的测试步骤是否准确、可以重复。

（2）每次对错误的处理都要保留处理信息，包括处理姓名、时间、处理方法、处理意见、Bug 状态。

（3）拒绝或延期处理错误不能由程序员单方面决定，应该由项目经理、测试经理和设计经理共同决定。

（4）错误修复后必须由报告错误的测试人员验证，确认已经修复后才能关闭错误。

（5）加强测试人员与程序员之间的交流，对于某些不能重复的错误，可以请测试人员补充详细的测试步骤和方法，以及必要的测试用例。

小　　结

本章从软件质量出发，指出了制定软件质量管理标准的重要性，然后由浅入深地讲解了能力成熟度模型的具体内容，在这些内容的基础上分析了测试组织管理的内容，并进一步给出软件缺陷跟踪管理的步骤和方法，帮助读者进一步理解和掌握这一部分的内容。

实　　训

任务：上网查阅相关资料，利用 CMM 对软件机构进行成熟度评估。

习　　题

8-1　软件质量由哪几部分构成？具有哪些特性？

8-2　什么是软件质量保证？软件质量保证与软件测试的关系是什么？

8-3　软件测试管理的主要内容有哪些？

8-4　ISO 9000.3 的核心内容有哪些？

8-5　简述软件能力成熟度模型的作用。

8-6　测试组织管理的工作主要有哪些？

8-7　在报告 Bug 时应注意哪些问题？

8-8　写出软件错误的主要状态的中英文对照。

8-9　写出缺陷处理方法的中英文对照。

8-10　错误流程管理应遵照哪些原则？

综 合 实 训

综合实训 1： 下载 Firefox 并安装，在 http://seleniumhq.org/projects/ode/下载最新版本的 Selenium IDE 开源测试工具，并使用 Selenium IDE 来完成脚本的录制和执行。

操作步骤如下。

步骤一：下载 Firefox 并安装。

步骤二：启动 Firefox，在 http://seleniumhq.org/projects/ode/下载最新版本的 Selenium IDE（本书使用的版本是 2.9.1）。下载图标如图 Z-1 所示。

图 Z-1　下载 Selenium IDE

步骤三：单击 Firefox 右上角的"打开菜单"选项，在弹出的菜单中选择"附加组件"选项，打开"附加组件管理器"页，选择左侧的"插件"选项，如图 Z-2 所示。单击 ✿· 图标按钮，选择下拉菜单中的"从文件安装附加组件"命令，如图 Z-3 所示。找到本机上在步骤二中已下载好的 Selenium IDE 文件，进行添加，最后关闭该页面。

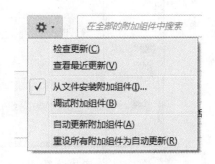

图 Z-2　选择"插件"选项　　　　图 Z-3　选择"从文件安装附加组件"命令

步骤四：在 Firefox 的"打开菜单"选项中单击左下角的"定制"选项，此时可看到 Selenium IDE 已出现在工具和功能栏中，如图 Z-4 所示。

将 Selenium IDE 图标用鼠标移动到菜单项中，此时可看到 Selenium IDE 已出现在菜单项中，如图 Z-5 所示。

图 Z-4　工具和功能栏

图 Z-5　安装完成后的菜单界面

步骤五：单击 Selenium IDE 启动 Selenium IDE，出现图 Z-6 所示的操作界面。这里将 http://cn.bing.com（必应搜索中文站点）输入 Base URL 栏中。

图 Z-6　Selenium IDE 操作界面

步骤六：启动脚本录制操作（默认为录制状态，如果不是就单击"录制操作"按钮），在 Firefox 中打开必应搜索中文站点首页，并在搜索框中输入 web test automation by selenium，单击"搜索"按钮，进入搜索结果页面。

步骤七：选择搜索结果页面中的 docs.seleniumhq.org，单击右键，在弹出的快捷菜单中选择相应的验证方式（命令）AssertText、VerifyText 或 VerifyElementPresent 等，这里选择 VerifyText，即增加一个验证点，验证当前页面应出现字符串 docs.seleniumhq.org。这里也可以增加其他验证点，这也是 Selenium IDE 的一个功能特点，即允许录制过程中直接增加验证点，而不需要在录制完成之后再手工增加录制点。

步骤八：完成脚本录制后，就可以单击 ▶≡ ▶= 按钮执行脚本了。此时，可以将速度调至最慢，如图 Z-7 所示，以便观察脚本的执行情况。此时会看到浏览器自动打开 http://cn.bing.com 的首页，自动输入 web test automation by selenium，搜索结果页面自动显示出来，脚本执行结束。

图 Z-7　调整速度

从结果可以看出，测试验证点全部通过，如图 Z-8 所示。有了验证才是测试，而回放过程就是执行操作和验证的过程。

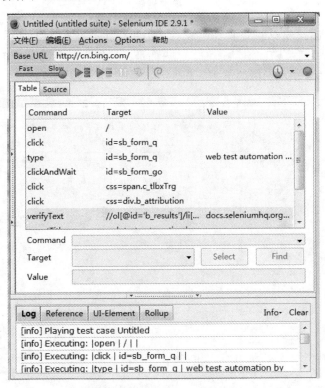

图 Z-8　测试验证点全部通过

综合实训 2：任选一个文字编辑软件，为其进行图形用户界面测试。

下面是一个图形用户界面测试的实例，图 Z-9 是一个文字编辑软件的用户界面。

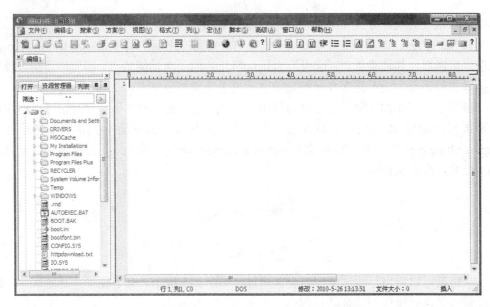

图 Z-9　文字编辑软件的界面

这个用户界面很常见且很有代表性，其中包括下拉菜单、工具栏、树状文件夹、文字编辑窗口、竖向及横向滚动条等。这些都是一般窗口软件中最具有代表性的部件。图 Z-10 所示为"文件"下拉菜单。

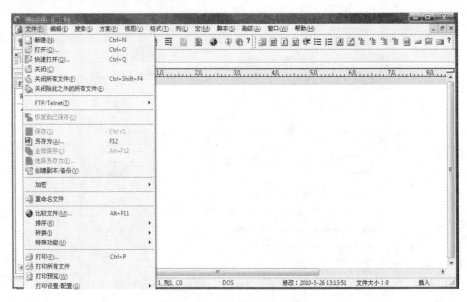

图 Z-10　"文件"下拉菜单

在编写这个菜单的测试实例时，要对照规格说明书及设计说明书对这个菜单的描述来检验上面的各项是否齐全，对应的热键（hot key）是否正确、默认值是否正确等。

图 Z-11 所示为"高级"菜单及其子菜单"个人模板"的内容。在编写测试实例时，也要把所有的子菜单都包括进去。

图 Z-11　"高级"菜单及其子菜单

测试类笔试面试训练题

1. 在一个项目中，测试工作如何介入？
2. 为什么要在一个团队中开展软件测试工作？
3. 你认为做好测试用例设计工作的关键是什么？
4. 你认为做好测试计划工作的关键是什么？
5. 针对百度首页的搜索框编写 6 个以上的测试用例。
6. 黑盒测试是怎么来设计测试用例的？
7. 项目的哪个阶段测试开始介入？
8. Bug 有哪些状态？
9. Bug 描述包括哪些内容？
10. 客户端软件性能测试关注点有哪些？
11. 如果对 QQ 和 MSN 的性能做对比测试，需对比哪些方面？
12. 针对网页搜索进行功能测试。
13. 手机客户端 APP 常见出错点是什么？如何测试？
14. 请给出 QQ 聊天消息收发的测试思路。
15. 敏捷开发测试的核心实质是什么？为什么敏捷模式能够对需求的变更应对自如？
16. 怎样才能成为一名合格的软件测试工程师？
17. 你认为一名优秀的测试工程师应该具备哪些素质？

奇虎 360 软件测试工程师面试题

1. 怎么划分缺陷的等级？
2. 怎么看待软件测试？
3. 软件测试是一个什么样的行业？
4. 图书（图书号，图书名，作者编号，出版社，出版日期）
   作者（作者姓名，作者编号，年龄，性别）
   用 SQL 语句查询年龄小于平均年龄的作者姓名、图书名、出版社。
5. 你的职业生涯规划是什么？
6. 写出你常用的测试工具。
7. 你希望以后的软件测试是怎样的一个行业？
8. 软件测试项目从什么时候开始？
9. 软件测试为什么从需求分析开始？有什么作用？

参 考 文 献

何月顺，2012. 软件测试技术与应用[M]. 北京：中国水利水电出版社.

刘竹林，2015. 软件测试技术与案例实践教程[M]. 北京：北京师范大学出版社.

武剑洁，陈传波，肖来元，2008. 软件测试技术基础[M]. 武汉：华中科技大学出版社.

杨胜利，2015. 软件测试技术[M]. 广州：广东高等教育出版社.

朱少民，2016. 软件测试[M]. 2版. 北京：人民邮电出版社.

51Testing 软件测试网，2014. 软件测试工程师面试秘籍[M]. 北京：人民邮电出版社.

附　　录

1. 测试用例文档的设计

1）测试用例

测试用例（test case）是为了高效率地发现软件缺陷而精心设计的少量测试数据。实际测试中，因为无法达到穷举测试，所以要从大量输入数据中精选有代表性或特殊性的数据来作为测试数据。好的测试用例应该能发现尚未发现的软件缺陷。

2）测试用例文档应包含的内容

（1）测试用例表。测试用例表如表 F-1 所示。下面对其中一些内容做以下说明。

① 测试模块：指明并简单描述本测试用例是用来测试哪些项目、子项目或软件特性的。

② 用例编号：对该测试用例分配唯一的标识号。

③ 用例级别：指明该用例的重要程度。测试用例的级别分为 4 级，即级别 1（基本）、级别 2（重要）、级别 3（详细）、级别 4（生僻）。

④ 执行操作：执行本测试用例所需的每一步操作。

⑤ 预期结果：描述被测项目或被测特性所希望或要求达到的输出或指标。

⑥ 实测结果：列出实际测试时的测试输出值，判断该测试用例是否通过。

⑦ 备注。如需要，则填写"特殊环境需求（硬件、软件、环境）""特殊测试步骤要求""相关测试用例"等信息。

（2）测试用例清单（表 F-2）。

表 F-1　测试用例表

用例编号		测试模块	
编制人		编制时间	
开发人员		程序版本	
测试人员		测试负责人	
用例级别			
测试目的			
测试内容			
测试环境			
规则指定			
执行操作			

续表

测试结果	步骤	预期结果	实测结果
	1		
	2		
	⋮		
备注			

表 F-2　测试用例清单

项目编号	测试项目	子项目编号	测试子项目	测试用例编号	测试结论	结论
1		1		1		
⋮		⋮		⋮		
总数		—			—	—

2. 测试总结报告

测试总结报告主要包括测试结果统计表、测试问题表和问题统计表、测试进度表、测试总结表等。

1）测试结果统计表

测试结果统计表主要是对测试项目进行统计，统计计划测试项和实际测试项的数量，以及测试项通过多少、失败多少等。测试结果统计表如表 F-3 所示。

表 F-3　测试结果统计表

测试项	计划测试项	实际测试项	Y 项	P 项	N 项	N/A 项	备注
数量							
百分比							

其中，Y 表示测试结果全部通过；P 表示测试结果部分通过；N 表示测试结果绝大多数没通过；N/A 表示无法测试或测试用例不适合。

另外，根据附表 3，可以按照下列两个公式分别计算测试完成率和覆盖率，作为测试总结报告的重要数据指标。

$$测试完成率 = \frac{实际测试项数量}{计划测试项数量} \times 100\%$$

$$测试覆盖率 = \frac{Y项的数量}{计划测试项数量} \times 100\%$$

2）测试问题表和问题统计表

测试问题表如表 F-4 所示，问题统计表如表 F-5 所示。

表 F-4　测试问题表

问题号	
问题描述	

续表

问题级别	
问题分析与策略	
避免措施	
备注	

表 F-5　问题统计表

测试项	严重问题	一般问题	微小问题	其他统计项	问题合计
数量					
百分比					—

在表 F-4 中，问题号是测试过程所发现的软件缺陷的唯一标号，问题描述是对问题的简要介绍，问题级别在表 F-5 中有具体分类，问题分析与策略是对问题的影响程度和应对策略进行描述，避免措施是提出问题的预防措施。

由表 F-5 可知，问题级别基本可分为严重问题、一般问题和微小问题。根据测试结果的具体情况，级别的划分可以有所更改。例如，若发现极其严重的软件缺陷，可以在严重问题级别的基础上加入特殊严重问题级别。

3）测试进度表

测试进度表如表 F-6 所示，用来描述测试时间、测试进度。根据表 F-6 可以对测试计划中的时间安排和实际的执行时间状况进行比较，从而得到测试的整体进度情况。

表 F-6　测试进度表

测试项目	计划起始时间	计划结束时间	实际起始时间	实际结束时间	进度描述

4）测试总结表

测试总结表包括测试工作的人员参与情况和测试环境的搭建模式，并且对软件产品的质量状况做出评价，对测试工作进行总结。测试总结表如表 F-7 所示。

表 F-7　测试总结表

项目编号		项目名称	
项目开发经理		项目测试经理	
测试人员			
测试环境（软件、硬件）			

软件总体描述：

测试工作总结：

3. 文件控制程序

1）管理类文件的控制（图 F-1）

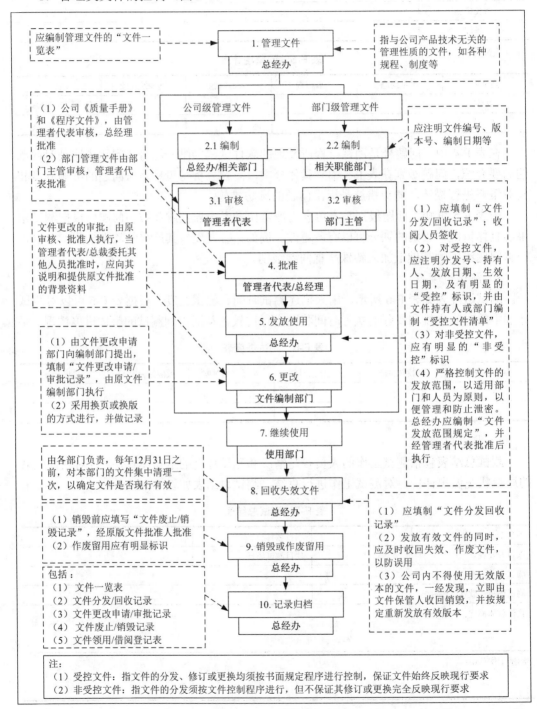

图 F-1　管理类文件的控制

2）技术类文件的控制（图 F-2）

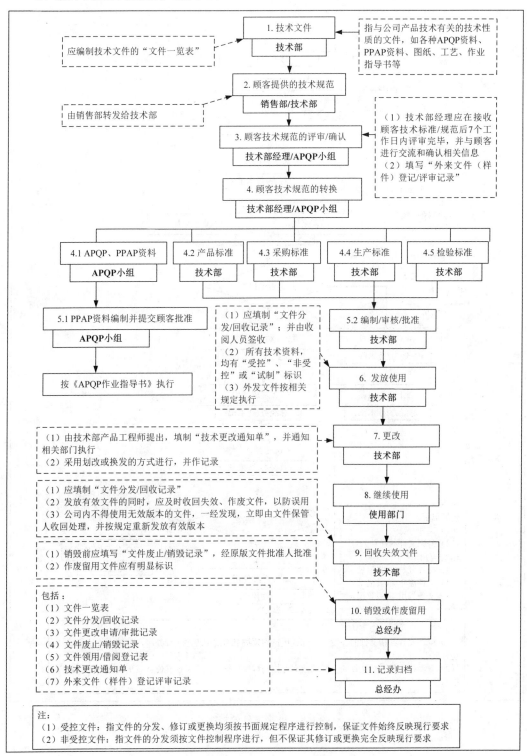

图 F-2　技术类文件的控制

3）外来文件的控制（图 F-3）

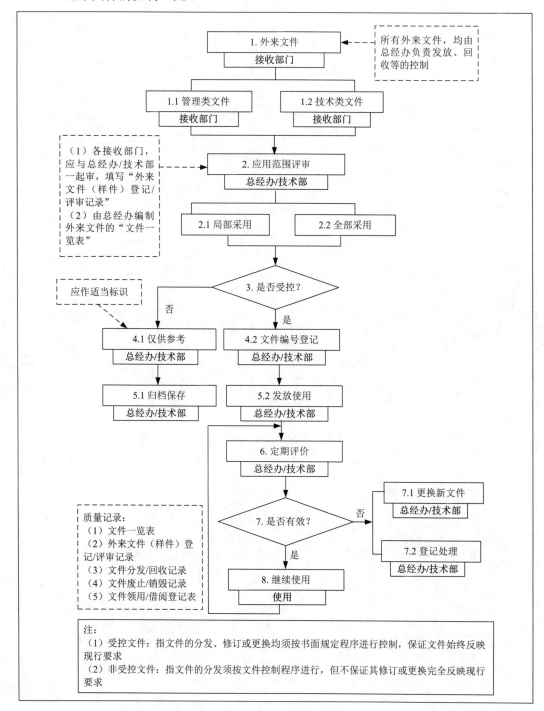

图 F-3　外来文件的控制

4）外发文件的控制（图 F-4）

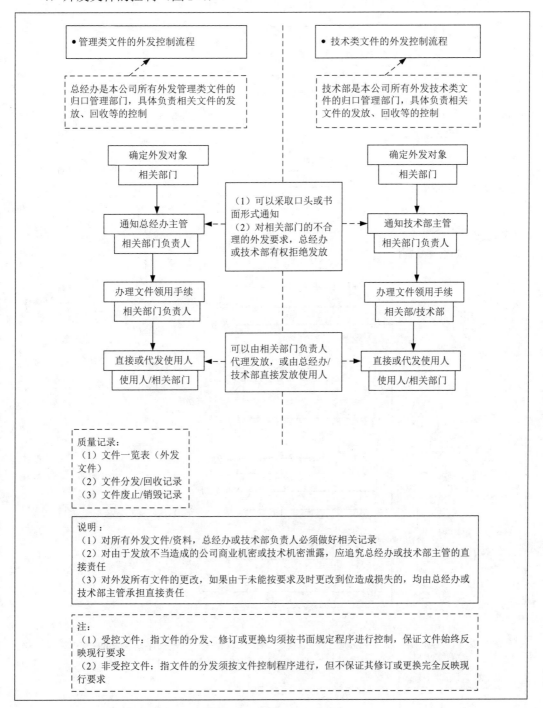

图 F-4　外发文件的控制

4. 质量体系文件的编号规则（图 F-5）

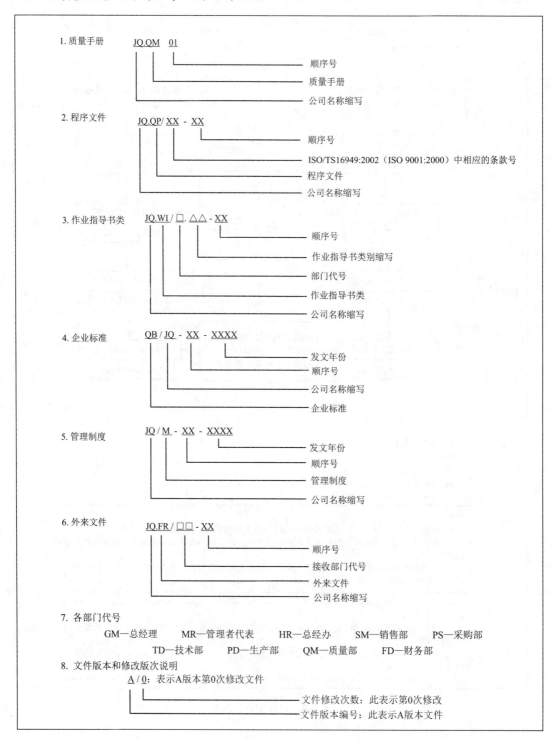

图 F-5　质量体系文件的编号规则

5. 文件的日常管理

（1）本公司所有的质量体系文件，除非管理者代表或总经理许可，不得外借公司以外的人员；为了让顾客了解本公司质量体系，一般只提供质量手册和相应程序文件的非受控版本。

（2）任何人不得在受控文件上乱涂、乱改，更不得私自外借。

（3）文件管理人员在每次内部审核前，全面检查各类在用文件，发现问题应及时处理。

（4）当文件破损严重影响使用时，文件持有人应填写"文件补发/借阅申请单"，交回破损文件，更换新文件（分发号与原文件一致）。

（5）文件持有人丢失文件后，应填写"文件补发/借阅申请单"，经批准后，方可领取。文件保管人员对补发的文件给予新的分发号，要注明丢失文件的分发号作废，并在"文件分发/回收记录"上作说明。

（6）除文件保管员，或被特别批准外，任何人不得私自复印文件。

（7）需临时借阅文件者，应填写"文件补发/借阅申请单"，经批准后，并在备注栏内注明"借阅"字样及借阅起止时间后，方可发放给借阅者使用。借阅者应在指定日期内归还文件，到期不归还者，由文件管理人员收回。原版本文件一律不外借，以防文件丢失或损坏。

（8）文件管理员应对文件存档的环境进行监控，应采取必要的防水、防潮、防火、防蛀等措施。

6. 电脑文件的管理

对使用计算机或计算机系统进行管理的文件，应指定专人负责计算机程序设定和管理。

（1）存储于计算机的文件和资料都应编制主目录。

（2）计算机中的文件和资料应备份保存。

（3）磁盘的保存应能防止损坏和变质。

（4）磁盘必须严格控制，防止病毒侵入。

（5）录入人员应经授权，应规定录入人员的专用密码，确保文件录入、更改处于受控状态。